石油烃类污染物绿色治理：
含硫杂环芳烃降解菌筛选及其作用特性

李琳　周刚　申宪伟　陈水泉　著

东南大学出版社
SOUTHEAST UNIVERSITY PRESS
·南京·

内 容 简 介

我国作为石油生产大国，石油开采以及石油产品的生产与使用过程中不可避免会引起污染，给生态环境带来危害。在"双碳"目标大背景下，亟须把绿色低碳发展作为解决生态环境问题的治本之策。本书介绍了石油烃类污染物绿色可持续的微生物修复技术，主要内容分为 7 章。第 1 章为绪论，主要介绍了石油污染的产生和危害，目前主要的石油污染土壤修复技术以及存在的问题；第 2 章主要介绍石油烃类污染物中含硫杂环芳烃的微生物降解，涉及高效降解菌的筛选、鉴定及培养条件优化；第 3 章主要针对筛选得到的一株含硫杂环芳烃高效降解菌 Pseudomonas sp. LKY‐5 进行降解特性及代谢途径的深入分析，拓展了已有的"4S"途径和 Kodama 途径；第 4 章主要涉及高效降解菌株对不同单一或复合石油烃类污染物的降解特性分析，明确了 Pseudomonas sp. LKY‐5 的优越修复应用潜力；第 5 章主要针对高效降解菌 LKY‐5 产生的表面活性剂进行提取并分析其组成及其稳定性；第 6 章主要介绍了高效降解菌 LKY‐5 的土壤修复实验，考察污染强度、初始含水率、初始降解菌量、氮磷比、膨松剂用量对修复效果的影响，为进一步实现原位生物修复提供理论依据和技术支持；第 7 章主要梳理了本书的重点结论和发现；附录则介绍了实验过程所用到的主要分析方法和分析手段。

本书深入研究和分析了含硫杂环芳烃的微生物修复技术，涵盖了环境工程、微生物学等相关领域的知识，是一本很好的工具书和参考书，可以供相关领域专家、学者以及研究生参考。

图书在版编目(CIP)数据

石油烃类污染物绿色治理：含硫杂环芳烃降解菌筛选及其作用特性 / 李琳等著.—南京：东南大学出版社，2023.12

ISBN 978‐7‐5766‐1062‐8

Ⅰ.①石…　Ⅱ.①李…　Ⅲ.①石油化工‐烃‐污染防治　Ⅳ.①X74

中国国家版本馆 CIP 数据核字(2023)第 246684 号

责任编辑：贺玮玮　责任校对：韩小亮　封面设计：毕真　责任印制：周荣虎

石油烃类污染物绿色治理：含硫杂环芳烃降解菌筛选及其作用特性
Shiyou Tinglei Wuranwu Lüse Zhili：Han Liu Zahuanfangting Jiangjiejun Shaixuan Ji Qi Zuoyong Texing

著　　者	李　琳　周　刚　申宪伟　陈水泉
出版发行	东南大学出版社
出 版 人	白云飞
社　　址	南京四牌楼 2 号
网　　址	http://www.seupress.com
经　　销	全国各地新华书店
印　　刷	广东虎彩云印刷有限公司
开　　本	787 mm×1 092 mm　1/16
印　　张	6.75
字　　数	163 千字
版　　次	2023 年 12 月第 1 版
印　　次	2023 年 12 月第 1 次印刷
书　　号	ISBN 978‐7‐5766‐1062‐8
定　　价	35.00 元

本社图书若有印装质量问题，请直接与营销部联系。电话(传真)：025‐83791830。

目 录

Contents

第3章 *Pseudomonas* sp. LKY-5 对二苯并噻吩的降解特性及代谢途径分析　39

第4章 降解底物宽泛性研究及柴油的降解特性分析　52

第5章　*Pseudomonas* sp. LKY-5 产生的表面活性剂提取及其特性研究　64

第1章 绪　　论

1.1　研究背景及意义

原油按含硫量的不同可分为三类：低硫原油（硫含量＜0.5％），含硫原油（0.5％≤硫含量≤2.0％），高硫原油（硫含量＞2.0％）[1]。根据国家统计局最新数据显示，我国2023年原油产量为20 891万t，原油进口量为56 399万t，原油需求量较大。而原油作为重要的能源与工业原料，在其勘探、开采、运输、炼制、贮存和使用过程中，不可避免地对人体健康、食品安全和生态环境造成严重影响[2]。

含硫杂环芳烃（PASHs）是原油中硫的主要存在形态，主要是一些噻吩类化合物，也包括少量的具有芳基的硫醇、硫醚和硫化物。它的存在不仅降低了原油品质，而且燃烧时增加二氧化硫排放，其进入外环境会造成环境质量的严重下降，并潜在威胁着生态系统及人体健康。研究发现含硫芳烃化合物比多环芳烃（PAHs）具有更强的致癌性和生物富集性，在环境中可能是最不易被降解的化合物之一[3-4]。长期受污染的油田区土壤是一个组成复杂的微生态系统，其中存在着对含硫杂环芳烃具有潜在降解能力的微生物。因此，含硫杂环芳烃降解菌的筛选及降解特性研究对于减缓或消除该类化合物对环境的影响有着重要的理论意义和实际应用价值。

1.2　国内外研究现状

1.2.1　石油污染的产生和危害

原油和石油制品统称为石油。其中原油是直接从地下开采，没有经过加工提炼的天然烃类混合物，一般为黑色或黑褐色黏稠液体，主要组分为烷烃、多环芳烃、杂环芳烃，以及少量的硫化物、氮化物等非烃类物质；石油制品为经过加工提炼后获得的沥青、润滑油、汽油、柴油和煤油等产品。在国民经济发展的进程中，石油有着不可磨灭的贡献，被称作"工业的血液"和"黑色的金子"，因此世界各国十分重视石油工业的发展[5]。在石油为人类文明带来巨大利益的同时，其勘探、开采、运输以及加工过程中不可避免地出现遗漏、井喷、输油管道泄漏等问题，对海洋、土壤和地下水造成了污染，严重地影响了人们正常的生产和生活。

1.2.1.1　海水中石油污染的来源及危害

作为地球上最大的水体资源,海洋对人类社会的发展和进步有着极为重要的意义。然而,伴随着社会生产力的进一步发展,人类对石油资源的需求也越来越大,海洋不可避免地受到了严重的破坏。海洋中石油污染主要来源于农业及工业生产。一般来讲,各种农业机械使用过程中所产生的含油污水,以及大量以石油制品为原料的农用化学品是农业石油污染的主要来源。工业上的石油污染主要来源于船舶作业过程中的含油废水排放、发生沉降的含油废气,以及油轮事故、开采过程中的泄漏和井喷事故、自然的海底渗漏等[6]。

滞留海水中的石油,除少量轻组分会通过蒸发或光化学氧化作用进入大气环境外,绝大多数将持续存留于海洋及其周边海岸带。其主要危害是石油在惯性力、摩擦力和表面张力的共同作用下,在海水表面迅速扩展成一层薄膜,阻断了海水中氧气的交换,影响海水中氧气的循环平衡。一般情况下,1 t 石油可以在海面上形成覆盖 12 km^2 海面的油膜,而完全氧化 1 L 石油则需要消耗 40 万 L 海水中的溶解氧。另外,形成的油膜还会降低光的通透性,减少射入的太阳能,影响海空物质交换和海洋植物的光合作用,降低海洋产氧量,造成大量水生生物死亡,损坏海洋生态环境和渔业资源[7-8]。此外,进行捕捞作业的渔具和渔船还会黏附上石油,不仅增加清洗成本,而且降低了捕捞效率。海洋中的石油还会影响海滩上晒盐场的正常工作,并且容易随着风浪黏附在海滩及海湾地区,影响滨海城市的旅游业。

1.2.1.2　地下水中石油污染的来源及危害

淡水资源的匮乏已经成为世界难题之一,而我国的人均水资源极度匮乏,仅为世界人均占有量的四分之一。特别是近年伴随着我国经济发展和城市建设的需要,水资源污染问题日益突出,节约和保护水资源已经成为实现可持续发展的必要条件。石油烃类污染物经常以非水相液体(NAPL)的形式存在于污染土壤、含水层和地下水中。当 NAPL 的密度大于水的密度时,石油烃类污染物将会穿过土壤层和含水层到达隔水底板,并沿着隔水底板进行横向扩散。当水的密度大于 NAPL 的密度时,石油烃类污染物不能在地下水面进行垂向运动,主要在水的非饱和带进行横向扩展[9]。地下水中石油污染的主要来源有:油田开采区的原油泄漏、油岩矿渣堆放过程中受雨水的冲刷、含油废水的回注等。

被石油污染的地下水会通过皮肤接触或直接饮用进入人体,危害人体健康,引发多种疾病。当用被污染的地下水对农田进行灌溉时,会对植物产生毒害作用,破坏植物体细胞,抑制营养物质的吸收和利用,对农业生产造成不利影响。

1.2.1.3　土壤中石油污染的来源及危害

土壤是人类赖以生存和发展的重要场所,为人类的生产活动和社会生活提供了物质基础和资源保障。如果土壤受到石油污染,就会影响农作物的产量和品质,并通过食物链对人类的健康产生危害。土壤中的石油污染来源有原油泄漏、溢油事故;灌溉农田的含油污水;堆置的含油矿渣和污泥;大气中沉降的石油污染物;滥用的各种杀虫剂、防腐剂和除草剂(以油类物质作为溶剂或乳化剂)等。

石油成分十分复杂,主要由碳、氢、氧、氮、硫以及微量金属元素组成的化合物混合组成,其中多环芳烃(PAHs)是一类最为典型的具有"三致"效应(致畸、致癌、致突变)的有机物。Kropp 等[10]研究发现含有杂原子的芳烃类化合物在许多情况下亦显示出强烈的环境毒性,并且毒性更强。当石油污染物进入土壤后,除少量挥发性物质通过挥发以及少数有害物质通过土壤的生化过程减少外,大部分会长期存留于土壤中,难以消除,给污染地区的生态、作物以及人类健康带来负面影响。石油烃类污染物进入土壤后,会堵塞土壤孔隙,降低土壤的通透性,造成农作物对水分和养分的摄取障碍,影响农产品的产量及质量,威胁农业生产安全。同时,石油烃类污染物会引起土壤有机质中的碳、氮、磷营养元素比例失衡,对土壤有机质组成以及微生态环境造成破坏。此外,土壤中的石油烃类污染物会在降雨和地表径流的作用下,流至水源地或渗透到地下水中,对人类饮用水安全造成严重影响[11-12]。

基于土壤中石油污染的危害性、滞后性和隐蔽性,土壤修复技术的探索已经被世界上许多发达国家列入长期发展规划中。因此,针对石油污染土壤如何进行安全、有效、可控的修复,而又不产生次生污染的科学研究已经成为环境领域的研究热点。

1.2.2　石油污染土壤的修复技术

目前,石油污染土壤的修复技术主要分为:物理修复、化学修复和生物修复等。

物理修复技术主要有:(1)换土法,主要是向新鲜未污染的土壤中加入部分或全部被污染的土壤,以降低污染物浓度。(2)洗涤法,主要是利用干净的水将土壤中的石油烃类清洗出来,然后对含有污染物的水相进行进一步处理。(3)热处理法,主要是利用污染物受热会分解和挥发的原理对污染土壤进行加热处理。(4)气相抽吸法,主要是通过抽提等方式强化土壤中空气往同一个方向流动,使得能够挥发的石油污染物可以和气体一起脱离土壤。

化学修复技术主要有:(1)化学氧化法,主要是利用化学氧化剂对石油烃类污染物进行氧化去除。(2)萃取法,主要是利用廉价低毒的有机溶剂将黏附在土壤中的石油烃类污染物萃取出来,这种方法可以对石油烃类物质进行资源化回收。此外,也可用超临界流体对土壤中石油烃类物质进行萃取。

生物修复技术主要有：（1）植物修复，主要是利用植物对污染物的积累、代谢以达到降低或去除石油污染物毒性的目的。（2）微生物修复，主要是利用微生物的新陈代谢过程使污染物得到转化和去除。（3）菌根修复，主要是利用土壤真菌和植物根系形成的共生体对石油污染物进行去除。

综上所述，物理修复技术存在成本高、工程量大、对污染物清除不彻底等问题，但优点是二次污染小。化学修复技术对污染物的去除效率较高，处理费用及工程量较物理修复技术低，但其二次污染严重。由于生物修复技术具有效率高、成本低、无二次污染等优点，因此被认为是石油污染土壤修复的最有效、最有前途的一种污染治理技术[13-14]。由于石油烃分子结构的不同和微生物种类的多样性，以及微生物酶系能够快速适应外界环境变化的特点，微生物对石油中不同组分具有不同的代谢途径和代谢机制。

1.2.3 烷烃的微生物降解

烷烃是石油烃的重要组成，主要分为直链烷烃、支链烷烃和环烷烃。烷烃的结构和组成是影响微生物降解的直接因素。一般情况下，$C_8 \sim C_{18}$ 范围内的直链烷烃属于最容易被微生物降解的组分[15-16]。只有少数专性的微生物能够代谢 $C_1 \sim C_3$ 范围内的烷烃。随着碳原子数的增多，微生物对其的氧化速度减慢，分解困难，而且代谢周期相对较长。一般来讲，C_{30} 以上的烷烃较难被微生物代谢。微生物对直链烷烃的好氧降解过程一般都是逐步氧化，包括单末端氧化、双末端氧化和亚末端氧化。如图 1-1 所示，单末端氧化是直链烷烃的一端甲基通过氧化酶的酶促反应生成伯醇和醛，最后氧化生成脂肪酸；双末端氧化是直链烷烃一端的甲基依次氧化生成相应的醇、醛和脂肪酸后，另一端的甲基也按照该过程被依次氧化生成脂肪酸；亚末端氧化是直链烷烃先被氧化生成仲醇后，再进一步氧化生成相应的酮，然后在 Baeyer-Villiger 单加氧酶的作用下氧化生成酯，最后水解为醇和乙酸。这三种氧化方式生成的脂肪酸通过 β-氧化生成乙酰辅酶 A，然后进入三羧酸循环（TCA），生成二氧化碳和水[15-17]。

目前发现有 200 多种，100 多属微生物能够以烷烃为唯一碳源和能源生长，主要有细菌、放线菌、酵母菌和霉菌等，其中以细菌种类最多，降解范围最广。国外研究工作者从 1973 年开始了微生物降解烷烃的遗传学研究。Chakrabarty 等[18]证实了恶臭假单胞菌 GPO1 中的烷烃氧化酶系是由质粒上的 *alk* 基因编码的，该基因由 alkBFGHJKL 和 alkST 两个基因簇构成。Geissdorfer 等[19]发现不动杆菌属（*Acinetobacter*）中的 *alk* 基因与 GPO1 对应的基因具有很高的同源性，不同的是 *Acinetobacter* 中的 *alk* 基因没有操纵子，是独立存在的。Van Beilen 等[20]认为在进化过程中 alkBFGHJKLN 操纵子中的 alkN 基因被打断成两部分，其中一部分位于 alkL 下游 135 bp 处。由于 *alk* 基因编码的酶系可以催化很多氧化反应，因此其在生物清污、精细化工以及提高原油采收率方面有很大的发展前途。

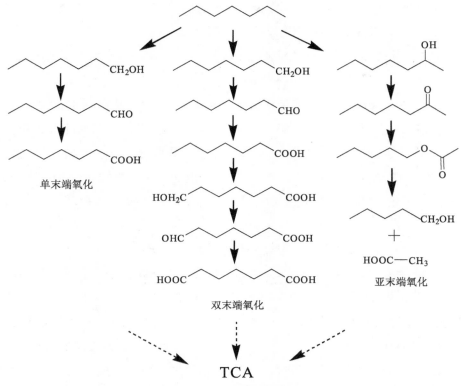

图 1-1 烷烃的好氧代谢途径[15-17]

1.2.4 多环芳烃的微生物降解

多环芳烃是环境中普遍存在并具有代表性的有毒有机污染物,其分子中含有两个或两个以上苯环,相比烷烃更难以被微生物降解。自然界中有很多的真菌、细菌和藻类都可以降解多环芳烃,但是随着多环芳烃中苯环数的不断增加,其生物可利用性变得越来越差。一般来讲,细菌对多环芳烃的降解主要分为两种方式:一种是以多环芳烃为唯一碳源和能源,主要是针对低分子量的三环和三环以下的多环芳烃;另一种是与其他有机质进行共代谢,主要是针对苯环数较多(四环或四环以上)的难降解的多环芳烃[21]。真菌对三环以上的多环芳烃的代谢也多属共代谢。

微生物以多环芳烃为唯一碳源和能源进行代谢时,在细菌分泌的双加氧酶(真菌分泌的单加氧酶)的催化作用下,将氧加到苯环上形成 C—O 键,再通过加氢、脱水等作用使得 C—C 键断裂,苯环数减少。共代谢作用是指微生物不能直接利用一些难降解的有机物,而需要在其他可利用的碳源或能源存在时,这些难降解的有机物才能被利用。微生物的共代谢作用对难降解的多环芳烃的彻底分解或矿化起主导作用,原因主要是其他基质的存在会诱导多环芳烃代谢酶的产生，提高酶活性，增强降解能力。尽管微生物对不同多环芳烃的具体降解途径不同，但多数情况下会产生几种相同的中间代谢产物，如邻苯二酚或取代邻苯二酚，其在双加氧酶催化作用下进行环裂解反应生成芳香羧酸类物质，进入三羧酸循环生成二氧化碳和水。萘是最简单的多环芳烃，微生物对其有两种不同的代谢途径，如图1-2所示。

从图1-2中可以看出，其中一种代谢途径是水杨酸途径，萘在双加氧酶的作用下生成1,2-二羟基萘，然后C—C键断裂生成2-羟基苯丁烯酮酸，接着转化为水杨酸，水杨酸进一步生成邻苯二酚，最后生成2-羧基己二烯半醛酸进入三羧酸循环，生成二氧化碳和水。另一种是邻苯二甲酸途径，萘先生成2-羧基苯丁烯酮酸，然后在醛缩水合酶、脱氢酶和加氧酶的作用下断开丁烯链生成邻苯二甲酸进入三羧酸循环，生成二氧化碳和水。

在20世纪90年代初，研究学者发现恶臭假单胞菌（*Pseudomonas putida*）G7对萘的代谢被NAH7质粒所调控，共由3个操纵子构成。上游操纵子nah1编码的酶将萘转化为水杨酸，下游操纵子将水杨酸进一步降解成三羧酸循环的中心代谢产物，中间操纵子编码的蛋白对上游和下游操纵子进行正调控[23]。Khan等[24]发现了多环芳烃降解菌分枝杆菌属（*Mycobacterium* sp.）strain PYR-1中一个5 288 bp的DNA序列编码了脱氢酶、双加氧酶的小（β）亚基和双加氧酶的大（α）亚基，但这些基因的序列不同于其他细菌的双加氧酶系统。Mishra等[25]从油泥里分离得到的铜绿假单胞菌（*Pseudomonas aeruginosa*）PSA5和红球菌属（*Rhodococcus* sp.）NJ2对苯并芘（50 mg/kg）在25天后的降解率分别为88%和47%，并研究发现水杨酸羟化酶、2-羧基苯甲醛脱氢酶、邻苯二酚双加氧酶都参与到苯并芘的降解过程中，而且这两株菌都产生糖脂类生物表面活性剂。Fida等[26]得到了一个编码新鞘氨醇菌（*Novosphingobium* sp.）strain LH128外膜蛋白（OpsA）的基因，在环境水分降低的条件下，OpsA对减轻溶质压力和保持细胞膜稳定性具有很重要的意义。

1.2.5 含硫杂环芳烃的微生物降解

1.2.5.1 含硫杂环芳烃的来源与危害

含硫杂环芳烃（PASHs）主要包括噻吩、苯并噻吩、二苯并噻吩及其烷基系列化合物、萘并苯噻吩系列化合物等，其中二苯并噻吩类化合物占70%以上。含硫杂环芳烃广泛存在于石油污染土壤、海底沉积物、被污染的地下水及许多工业废水中。环境介质中的PASHs都为有毒有害难降解的污染物，具有毒性和致突变性。有些PASHs化学性质稳定，在环境中可能是最不易被降解的化合物之一，其致癌性和生物富集性比多环芳烃

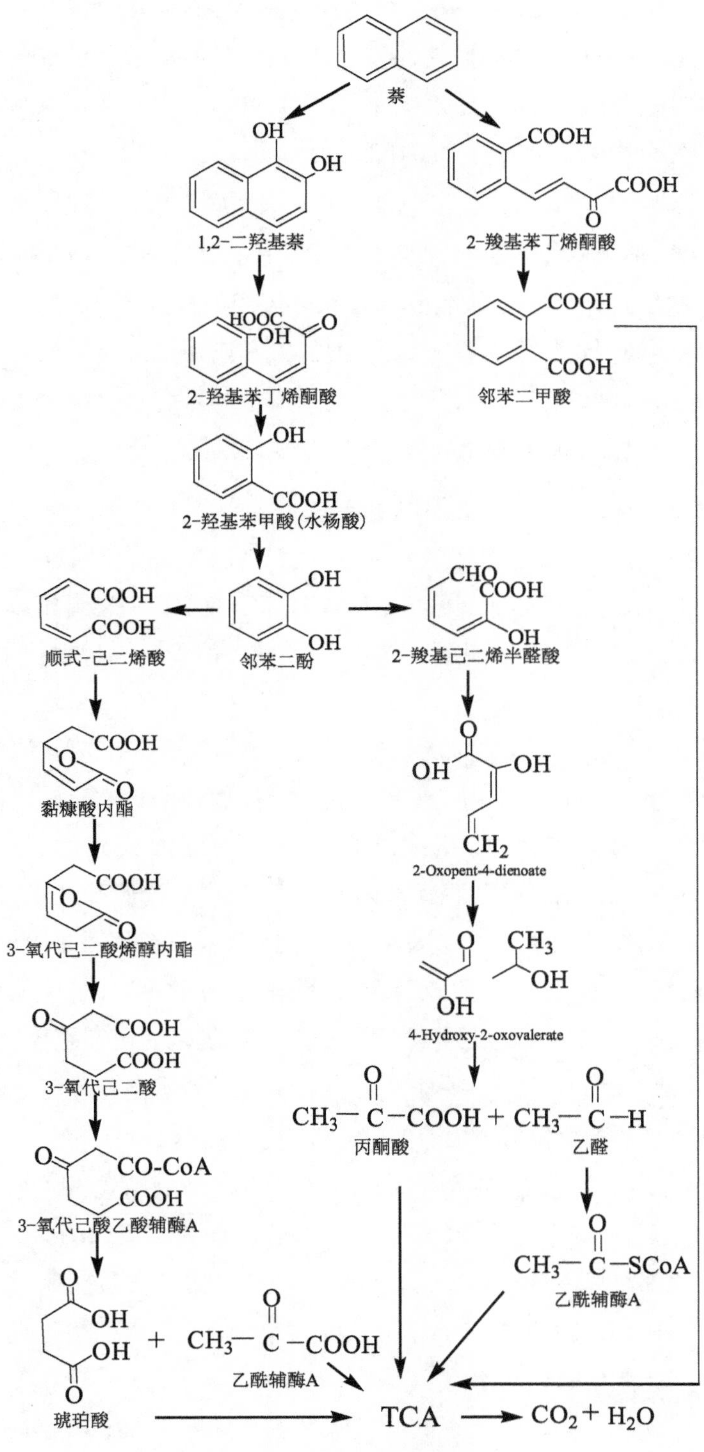

图 1-2 萘的代谢途径[22-23]

(PAHs)和其他含氧、氮元素的杂环化合物更强。具有"超π电子结构"的单环杂环化合物吡咯、咔唑、呋喃、噻吩的生物降解性能顺序是咔唑＞呋喃＞吡咯＞噻吩。由于和苯环稠合形成的双环或三环杂环化合物的空间位阻增大、电荷密度下降以及疏水性增强，含有多个苯环的杂环化合物的生物降解性能降低[27-28]。Eastmond 等[29]指出含硫杂环芳烃二苯并噻吩（$LC_{50}=0.466$ mg/L）比多环芳烃菲（$LC_{50}=0.843$ mg/L）和蒽具有更强的毒性。Teal 等[30]也指出微生物降解过程中二苯并噻吩和甲基取代的二苯并噻吩比多环芳烃菲和甲基取代的菲浓度减小得更慢。此外，含硫杂环芳烃如苯并噻吩、二苯并噻吩和萘并苯并噻吩，是高硫原油的重要组成物质，会给石油加工和应用带来一系列的问题，比如毒害石油精炼时的催化剂、腐蚀管道及贮存设备，更为严重的是燃料燃烧时，含硫杂环芳烃会转化为硫氧化物，造成酸雨或与氮氧化物、颗粒物形成雾霾。

1.2.5.2 微生物降解含硫杂环芳烃的研究进展

目前，含硫杂环芳烃的微生物降解研究根据其代谢途径的不同可以分为两个方面：一方面是微生物脱硫，即选择性地从原油中脱除硫原子而不损失燃料热值；另一方面是环境修复，即将含硫杂环芳烃完全矿化或生成毒性较小的中间产物，以保护生态环境和人体健康。

石油微生物脱硫的研究始于 20 世纪 30 年代，当时脱硫机制和脱硫技术的不完善使得生物脱硫进展缓慢，20 世纪 50 年代主要研究脱硫微生物的种类及其脱硫特性等，直到 20 世纪 70 年代，生物脱硫代谢机制的探讨推动了生物脱硫的迅速发展。随后专一性脱硫菌种的发现以及对硫代谢途径和脱硫基因的研究，使得生物脱硫技术有了飞跃性的发展。但到 21 世纪初，生物脱硫一直未被广泛应用于工业，主要原因是脱硫菌株的耐有机溶剂性能差；脱硫活性低，寿命短，脱硫菌株难以控制和回收；脱硫速率低；脱硫底物宽泛性窄；存在无机硫源抑制等问题。近年来国内外对生物脱硫的研究主要集中在高效脱硫微生物的筛选、脱硫机制和动力学、各种微生物脱硫基因的鉴定和分离、基因工程菌的构建以及生物脱硫反应器的研发等方面[31-34]。

目前国内外公认的微生物脱硫途径为"4S"途径（因为该过程涉及 4 个含硫化合物，所以命名为"4S"途径）。含硫杂环化合物只充当微生物代谢的硫源，微生物代谢的碳源则需要额外添加。在这个过程中只有 C—S 键断裂，其他碳骨架没有被破坏，最大限度地保留了燃料热值，对化石燃料品质的提升有十分重要的应用价值。根据该脱硫途径，陆续有很多的脱硫菌被筛选分离出来，如：红串红球菌（*Rhodococcus erythropolis*） strains IGTS8，红球菌属（*Rhodococcus* sp.） strain SY1、*Rhodococcus* sp. strain B1、If、Ig 和 Ih，*Rhodococcus* sp. strain ECRD-1，细杆菌属（*Microbacterium* sp.） ZD-M2，戈登氏菌属（*Gordonia* sp.） AHV-01，戈登氏菌（*Gordonia*） *alkanivoran* strain 1B，赖氨酸芽孢杆菌属(*Lysinibacillus*)*sphaericus* DMT‐7,恶臭假单胞菌(*Pseudomonas putida*)CECT5279,黏质沙雷氏菌(*Serratia marcescens*) UCP1549,鞘氨醇单胞菌(*Sphingomonas subarctica*) T7b,成团泛菌(*Pantoea agglomerans*) D23W3。*Rhodococcus erythropolis* strains IGTS8 是目前为止研究最为透彻的专一性脱硫菌株,Gallagher 等[35]在 1993 年确定了该菌株对二苯并噻吩(DBT)的代谢途径,如图 1‐3 所示。二苯并噻吩在 DszC(单加氧酶)和 DszD(辅酶黄素还原酶)的作用下依次加氧生成 DBT 亚砜和 DBT 砜,然后在 DszA(单加氧酶)和 DszD 的作用下打开 C—S 键生成 2′‐羟基联苯基‐2‐亚磺酸盐(2′‐Hydroxybiphenyl‐2‐sulfinate,HBP‐sulfinate),最后在 DszB(磺酸基脱水酶)和 DszD 的共同作用下脱掉磺酸基生成 2‐羟基联苯(2‐Hydroxybiphenyl, 2‐HBP)。

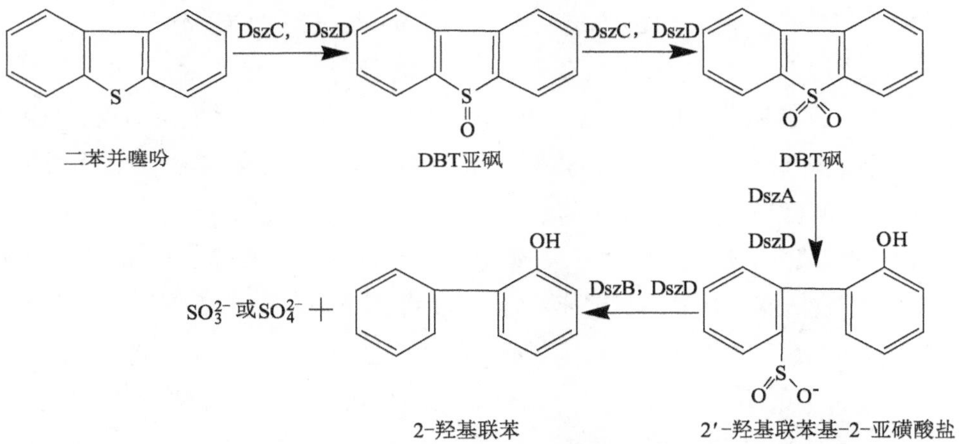

图 1‐3 微生物降解 DBT 的“4S”途径[35]

1988 年,美国气体研究所(Institute of Gas Technology,IGT)对采用专一性脱硫途径的红串红球菌 IGTS8 中有关脱硫基因进行了分离和克隆,并对这些脱硫基因的序列进行了分析,发现菌株 IGTS8 的质粒上携带 3 个同向转录的脱硫基因(*dszA*、*dszB*、*dszC*),这些基因共同簇生在一个操纵子中[36-37]。Oldfield 等[38]系统地研究了负责编码脱硫催化反应中脱硫基因的 4 种酶:DszA、DszB、DszC、DszD。DszC 先将 DBT 氧化生成 DBT 亚砜,然后 DBT 亚砜生成 DBT 砜,随后 DszA 裂解 DBT 砜噻吩环上的一个 C—S 键,生成 HBP ‐亚磺酸盐,最后 DszB 将 HBP‐亚磺酸盐中的磺酸基脱除生成 2‐HBP 和硫酸盐,DszD 提供 FMNH₂(还原型黄素单核苷酸)以满足前面 4 个步骤能量需要。DszC 的催化反应是脱硫反应的限制性步骤。Li 等[39]研究发现 Dsz 酶的活性受到蛋氨酸、半胱氨酸、酪蛋白氨基酸和硫酸盐的抑制,而二苯并噻吩和二甲基亚砜不抑制 Dsz 酶活性。Dsz 启动子包含着潜在的二重区域,这个区域里可能包含着一个操纵子,删除这个区域对抑制作用没有影响，但是启动子的活性将会减少 3 倍。Xi 等[40]提出 DszA 和 DszC 不能直接利用还原性辅酶进行加氧，而是通过黄素单核苷酸（FMN）和还原型辅酶Ⅱ（NADPH）共同作用。Wolf 等[41]利用质谱源后衰变技术对 DszC 序列进行了测定，但发现转译后 N 端蛋氨酸出现了丢失。Alves 等[42]比较了脱硫菌登氏菌（*G. alkanivorans*）1B 和红平红球菌（*R. erythropolis*）IGTS8 的 *dsz*（ABC）基因序列，结果表明相似度达 89%。菌株 1B 有 1 422 bp（*dszA*）、1 095 bp（*dszB*）和 1 248 bp（*dszC*），并包括了所有的终止密码子。*G. alkanivorans* 1B 的 *dszA* 基因相对于 *R. erythropolis* IGTS8 来说不同于其他 3 个基因，因为它包含了 64 个额外的碱基对。张建斌等[43]考察了柴油脱硫菌（*Mycobacterium* sp. BY11）对二苯并噻吩的代谢途径，发现该菌株能够将产物 2-羟基联苯（2-HBP）转化为毒性更小的 2-甲氧基联苯（2-MBP），有利于菌株的生长，并提高了脱硫活性。De Araujo 等[44]发现 DBT 最低抑菌浓度（MIC）为 3.68 mmol/L，通过 GC-MS 方法对 *Serratia marcescens* UCP1549 生长 96 h 后的代谢产物进行分析，证实 *Serratia marcescens* UCP1549 将 2-羟基联苯转化为最终产物联苯。Bhatia 等[45]筛选分离出一株新型的脱硫菌株 *Pantoea agglomerans* D23W3，该菌株能够降解 93% 浓度为 100 mg/kg 的 DBT，脱除高硫原油中 26.38%~71.42% 的硫。

另外具有代表性、最为认可的两种碳碳键断裂途径如图 1-4 所示，在这个过程中，硫原子没有单独脱除，碳结构遭到了破坏，所以主要用于环境修复方面。图 1-4（a）描述的碳骨架破坏途径是 1973 年日本学者 Kodama[46-48]发现的，所以也被命名为 Kodama 途径。DBT 在加氧酶的作用下生成 1,2-二羟基二苯并噻吩，然后断开苯环最后生成 3-羟基-2-甲酰基苯并噻吩（3-Hydroxy-2-formyl benzothiophene，HFBT）。Kodama 从各种土样中筛选出 6 株能够利用 DBT 生长的菌株，其中两株假单胞菌（*Pseudomonas jianii* 和 *Pseudomonas abikonensis*）都能产生 3-羟基-2-甲酰基苯并噻吩。除此之外，Laborde 等[49]报道的拜叶林克氏菌属（*Beijerinckia* sp.）B8/36 也具有同样的代谢途径，并未发现有进一步的降解。近年来，Seo[50]分离得到的分枝杆菌（*Mycobacterium*）*aromativorans* strain JS19b1[T] 能够在 11 天内降解 100% 浓度为 40 mg/L 的 DBT，并发现该菌株能够将 DBT 进一步降解为 2-巯基苯甲酸。Khedkar 等[51]发现的 strain A₁₁ 能够降解 90% 以上浓度为 270 μmol/L 的 DBT，同样也检测了代谢中间产物 2-巯基苯甲酸。Van Afferden 等[52]发现了 DBT 降解过程受到短杆菌属（*Brevibacterium* sp.）有角度双加氧的攻击，然后断裂噻吩环和苯环，最后完全矿化生成 CO_2 和 H_2O，如图 1-4（b）所示，该途径在生物修复方面具有一定的应用价值。另外，许多研究报道真菌也能降解杂环芳烃，如小克银汉霉菌（*Cunninghamella elegans*）和白腐菌（*Pleurotus ostratus*）。其中白腐菌（*Pleurotus ostratus*）中的漆酶能够攻击 DBT 的硫原子生成 DBT 亚砜或 DBT 砜，但是并没有检测到其他进一步的降解产物。

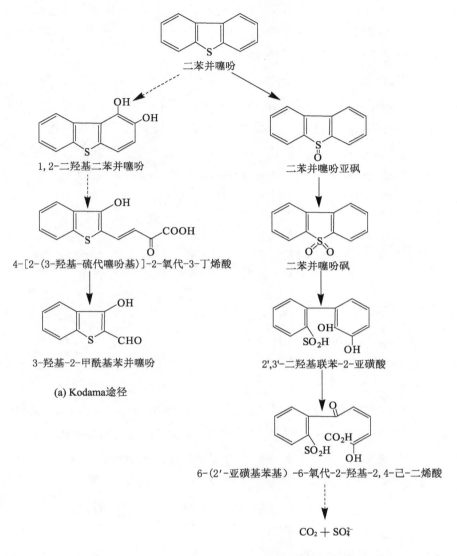

二苯并噻吩

1,2-二羟基二苯并噻吩

二苯并噻吩亚砜

4-[2-(3-羟基-硫代噻吩基)]-2-氧代-3-丁烯酸

二苯并噻吩砜

3-羟基-2-甲酰基苯并噻吩

(a) Kodama途径

2',3'-二羟基联苯-2-亚磺酸

6-(2'-亚磺基苯基)-6-氧代-2-羟基-2,4-己二烯酸

$CO_2 + SO_4^{2-}$

(b) 有角度双加氧攻击途径

图 1-4 微生物降解 DBT 的两种途径[3, 53]

研究发现能够代谢低分子多环芳烃和 DBT 的微生物中也包含 *nah* 类基因,它们通常簇生在一个启动子下面的操纵子中。Foght 等[53]将产碱假单胞菌(*Pseudomonas alcaligenes*)strain DBT2 降解 DBT 的基因成功克隆在 pC1 质粒中,可以同时氧化 DBT 和萘,萘的代谢中间产物水杨酸浓度为 0.1 mmol/L 时能够促进 DBT 的氧化过程,高浓度时(0.5 mmol/L)有抑制作用。Piccoli 等[54]发现伯克氏菌属(*Burkholderia fungorum*)DBT1 通过 Kodama 途径对 DBT 进行降解,并对操纵子中的铁氧还蛋白还原酶和水合酶-缩醛酶的基因进行了分离和鉴定。Brennerova 等[55]报道催化芳烃断裂反应的外二醇双

加氧酶(EXDOs)存在能够降解萘和DBT的菌株质粒上。张承东等[56]通过对硝基苯砜基乙酸异丁酯降解菌的研究发现,具有降解作用的酶系不在质粒上而在细胞膜周及膜内,能够断裂该化合物中C—S键和酯的烷氧键。

综上所述,含硫杂环芳烃是原油中硫的主要存在形态,具有强富集性、致癌、致畸、致突变以及难以生物降解等特点,潜在威胁着生态系统和人体健康。长期受污染的油田区存在种类丰富的含硫杂环芳烃降解菌,获得具备优越降解性能和宽泛底物利用范围的降解菌是进行环境污染生物修复的关键。因此,本书从胜利油田长期受石油污染的土壤中筛选分离得到含硫杂环芳烃高效降解菌,并对其降解特性进行深入系统研究,以期为减缓或消除含硫杂环芳烃对环境的影响提供理论基础和依据。

1.3 研究内容与技术路线

1.3.1 研究内容

本书的主要研究内容包括以下几个方面:

(1) 含硫杂环芳烃降解菌的筛选、鉴定及培养条件优化

采集胜利油田长期受石油污染的土样,采用初筛、复筛、分离纯化的筛选方法,以二苯并噻吩(DBT)为含硫杂环芳烃模式物,筛选分离出降解菌,分析其形态与培养特征,进行生理生化实验和16S rDNA序列测定,将降解菌鉴定到属(genus)分类阶元,构建系统发育树,明确系统发育信息。考察培养条件对降解菌降解能力的影响,利用响应曲面法对其进行优化,为后续实验提供稳定和高活性的菌源。(详见本书第2章)

(2) 假单胞菌属(*Pseudomonas* sp.)LKY-5对二苯并噻吩的降解特性及代谢途径分析

在本书第2章的基础上,对已筛选得到的二苯并噻吩高效降解菌 *Pseudomonas* sp. LKY-5进行形态观察,考察其在不同初始DBT浓度下的降解特性,采用GC-MS方法对DBT的代谢中间产物进行分析和鉴定,推测 *Pseudomonas* sp. LKY-5对DBT的代谢途径。(详见本书第3章)

(3) 降解底物宽泛性研究及柴油的降解特性分析

考察降解菌 *Pseudomonas* sp. LKY-5对单一底物体系以及双底物复合体系中不同底物(正十六烷、菲、芘、咔唑)的降解特性,并分析降解菌对不同类型柴油(市售0号柴油和青岛炼化催化裂化柴油)中各种含硫化合物以及正构烷烃的降解情况。(详见本书第4章)

(4) *Pseudomonas* sp. LKY-5产生的表面活性剂提取及其特性研究

针对 *Pseudomonas* sp. LKY-5在降解二苯并噻吩过程中产生表面活性剂的现象,进

行碳源优化,利用薄层色谱(TLC)和高效液相色谱-电喷雾串联质谱(HPLC-ESI-MS)对其产生的表面活性剂进行分析和鉴定,测定其理化性质,研究温度、pH、无机离子对该表面活性剂稳定性能的影响。(详见本书第 5 章)

(5) *Pseudomonas* sp. LKY-5 在二苯并噻吩污染土壤修复中的应用

以模拟污染土样为对象,利用 *Pseudomonas* sp. LKY-5 进行土壤环境修复实验,分析土壤基本理化性质,考察污染强度、初始菌量、初始含水率、氮磷比、膨松剂用量对修复效果的影响,为降低或消除土壤环境中含硫杂环芳烃污染,进一步实现原位生物修复提供理论依据和技术支持。(详见本书第 6 章)

1.3.2　技术路线

本书的主要技术路线如图 1-5 所示。

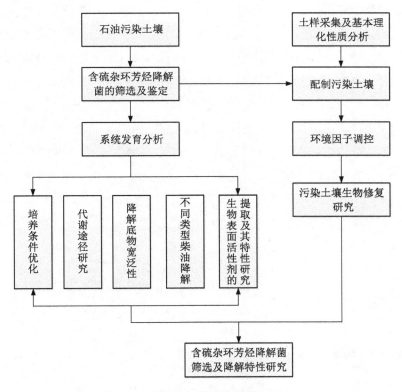

图 1-5　技术路线图

第 2 章　含硫杂环芳烃降解菌的筛选、鉴定及培养条件优化

含硫杂环芳烃是高硫原油的重要组成部分,70％以上的含硫化合物是二苯并噻吩(DBT)和其衍生物。环境中有机含硫芳烃化合物除来源于石油(原油、精炼油)外,还来自一些用于工农业生产的杀虫剂和浮选剂。它属于污染面广、毒性较大的一类难降解有机物,广泛存在于石油污染土壤、海底沉积物、被污染的地下水及许多工业废水中。研究表明原油中杂环芳烃类化合物比多环芳烃毒性更强,在环境中可能是最不易被降解的化合物之一。另外,含硫杂环芳烃由于其分子热力学稳定性,在地球化学和石油勘探中还经常被作为重要的分子标记物[57-59]。由于微生物生长繁殖与代谢速率相对较快,其在去除环境或油品中污染物具有重要的地位和作用,结合第 1 章含硫杂环芳烃的微生物降解研究现状,以及该类化合物较强的毒性、致突变性、生物富集性和难以被生物降解等特点,筛选出能够高效利用含硫杂环芳烃的降解菌对石油污染土壤、地下水和海水的生物修复具有重要的现实意义。

因此,本章选择二苯并噻吩作为含硫杂环芳烃的模式物,从胜利油田采集长期受石油污染的土壤样品,采用初筛、复筛和分离纯化的方法筛选分离出二苯并噻吩高效降解菌,分析其形态与培养特征,并通过现代分子生物学的方法对降解菌进行鉴定,构建系统发育树,探讨培养条件对降解菌降解能力的影响,进行培养条件优化,为后续研究提供稳定和高活性的菌源。

2.1　实验材料

2.1.1　主要实验仪器及试剂

实验的主要仪器及试剂如表 2-1 所示。

表 2-1　主要实验仪器与试剂

实验仪器与试剂	规格(型号)	生产厂家
水浴振荡器	HZQ-HA	哈尔滨东联电子技术开发有限公司
全温振荡器	HZQ-QX	哈尔滨东联电子技术开发有限公司

（续表）

实验仪器与试剂	规格(型号)	生产厂家
立式压力灭菌器	LDZX-75KBS	上海申安医疗器械厂
生物净化工作台	BCM-100	苏州净化设备有限公司
生化培养箱	SHP-250	上海培因实验仪器有限公司
电子分析天平	AL204	梅特勒-托利多仪器(上海)有限公司
格兰仕微波炉	G80D23CN2P-17(80)	佛山市顺德区格兰仕微波炉电器有限公司
雪花制冰机	FM40	北京长流科学仪器有限公司
循环水式真空泵	SHZ-D(Ⅲ)	上海予华仪器设备有限公司
台式高速冷冻离心机	Allegra 25R	美国贝克曼库尔特有限公司
电泳仪	JY600C	北京君意东方电泳设备有限公司
水平电泳槽	JY-SP3	北京君意东方电泳设备有限公司
TaKaRa TP600/TP650 PCR 仪	TP600/TP650	宝生物工程(大连)有限公司
气相色谱仪	Bruker 450	美国布鲁克公司
Na_2HPO_4	AR	国药集团化学试剂有限公司
KH_2PO_4	AR	国药集团化学试剂有限公司
$NaNO_3$	AR	国药集团化学试剂有限公司
$MgSO_4$	AR	国药集团化学试剂有限公司
$CaCl_2$	AR	国药集团化学试剂有限公司
$FeSO_4 \cdot 7H_2O$	AR	国药集团化学试剂有限公司
对二甲氨基苯甲醛	AR	西陇化工股份有限公司
酵母粉	生物试剂	国药集团化学试剂有限公司
蛋白胨	生物试剂	国药集团化学试剂有限公司
琼脂	生物试剂	国药集团化学试剂有限公司
二苯并噻吩	纯度98%	阿拉丁制药
乙酸乙酯	AR	西陇化工股份有限公司
丙酮	AR	国药集团化学试剂有限公司
细菌 DNA 提取试剂盒	生化试剂	天根生化科技(北京)有限公司
PCR 体系	生化试剂	天根生化科技(北京)有限公司
通用引物 27F、1492R	生化试剂	生工生物工程(上海)股份有限公司

2.1.2　培养基

无机盐培养基:Na$_2$HPO$_4$ 0.6 g,KH$_2$PO$_4$ 0.2 g,NaNO$_3$ 4.0 g,CaCl$_2$ 0.01 g,FeSO$_4$ 0.01 g,MgSO$_4$ 0.3 g,酵母粉 0.5 g,蒸馏水 1 000 mL,调节 pH 至 7.2～7.5。

LB 培养基:蛋白胨 10 g,酵母粉 5 g,NaCl 5 g,蒸馏水 1 000 mL,pH 7.2～7.5。

固体培养基:在 LB 培养基中加入 20 g/L 的琼脂。

筛选培养基:在无机盐培养基的基础上加 40 mg/L 的二苯并噻吩的丙酮溶液。

2.2　实验方法

2.2.1　样品采集

选用棋盘式采样法,采集胜利油田长期受石油污染的土壤,取浅层(5～15 cm)土壤,去除植物残体和砂粒等杂物,采集 10 个不同地点的土壤样品,做好样品记录和标记,置于 4 ℃冰箱保存。

2.2.2　二苯并噻吩降解菌的筛选与保藏

将 10 g/L 的 DBT 丙酮溶液,用 0.22 μm 的微孔滤膜过滤除菌后,取 400 μL 加入100 mL 已高温灭菌的筛选培养基中(CaCl$_2$ 和 MgSO$_4$ 单独灭菌,FeSO$_4$ 过滤除菌),于30 ℃、160 r/min 条件下摇床振荡培养过夜,待丙酮完全挥发后,加入 1 g 土样,摇床振荡培养 7 d,然后取 5 mL 培养液转接至新鲜的培养基中继续培养,相同条件下连续转接 5～7 次。

取降解效果最好的混合菌进行稀释涂布,具体方法为:用移液枪移取 1 mL 混合菌的培养液,移入装有 9 mL 无菌水的试管中,制成 10^{-1} 稀释菌液,然后从 10^{-1} 菌液中移取 1 mL 稀释液,加入另一装有 9 mL 无菌水的试管中,制成 10^{-2} 稀释菌液,依此类推分别制成 10^{-3}、10^{-4}、10^{-5}、10^{-6}、10^{-7} 的稀释菌液。将 100 μL 的 DBT 丙酮溶液涂布到 LB 固体培养基上,待丙酮完全挥发后,用移液枪吸取 0.1 mL 的 10^{-4}、10^{-5}、10^{-6} 与 10^{-7} 4 个稀释度的菌液,涂布到 LB 固体培养基上,每个稀释度做 3 个平行实验,最后于 30 ℃生化培养箱中培养过夜。在涂有 DBT 的 LB 固体培养基上挑选生长良好的菌株,接种于 LB 液体培养基中进行富集培养,然后在 LB 固体培养基上进行画线纯化,挑选单一菌落,重复进行 LB 富集培养后,制成菌悬液,于筛选培养基中考察其降解效果。

选择降解效果较好的菌株,接种于 LB 液体培养基中培养 16 h,再取 600 μL 菌液和 400 μL 已高温灭菌的 50%(体积比)的甘油于离心管中,涡旋振荡 1 min,停 1 min,再振荡 1 min,做好标记后于 -80 ℃冰箱中贮存。

2.2.3　降解菌的生理生化实验

对筛选分离得到的降解单菌进行生理生化实验,包括革兰氏染色、糖醇发酵、吲哚实验、甲基红实验、V-P 实验、明胶液化、细菌运动性实验以及接触酶实验,具体方法见附录 1。

2.2.4　单菌株的分子鉴定

使用 TIANGEN 细菌基因组 DNA 提取试剂盒[天根生化科技(北京)有限公司]对所得到的单菌株进行基因组 DNA 提取,详细步骤见附录 2。使用琼脂糖凝胶电泳对提取得到的细菌基因组 DNA 进行检测(具体方法见附录 3)。

首先对基因组 DNA 进行 PCR(聚合酶链式反应)扩增,将离心机打开预冷至 4 ℃,打开制冰机制冰,超净工作台紫外灭菌 30 min。取出 DNA,冰上解冻,设置程序体系为 20 μL,其中细菌 16S rDNA 通用引物 27F(5′-AGAGTTTGATCCTGGCTCAG-3′)0.5 μL,1492R(5′-GGTTACCTT GTTACGACTT-3′)0.5 μL,反应混合物(Master Mix) 10 μL,DNA 0.5 μL,双重去离子水(dd H_2O) 8.5 μL。将体系混匀后离心几秒,轻弹管壁去除气泡,再离心后置于 PCR 仪中。PCR 反应条件: 94 ℃预变性 5 min;94 ℃变性 1 min,55 ℃退火 1 min,72 ℃延伸 1 min,30 个循环,最后 72 ℃延伸 10 min。扩增之后的产物送至生工生物工程(上海)股份有限公司进行测序。测序结果在美国国家生物技术信息中心建立的 DNA 序列数据库(GenBank)上与已知的 16S rDNA 进行比对,确定其菌属。

2.2.5　降解菌株的系统发育分析

对所获得的 16S rDNA 序列用 Bioedit 软件整理后,利用 Clustal W2 和 Phylip-3.68 软件,采用邻接法(neighbor-joining method)构建降解菌株的系统发育树,并进行系统发育分析,研究各菌株之间的进化关系。

2.2.6　二苯并噻吩降解菌的培养条件优化

本实验主要考察底物浓度、培养温度、初始 pH、摇床转速、接种量等培养条件对降解菌株的影响。

2.2.6.1　底物浓度的影响

配制不同 DBT 浓度(20 mg/L、40 mg/L、80 mg/L、100 mg/L、120 mg/L、200 mg/L、300 mg/L、400 mg/L、500 mg/L、600 mg/L)的无机盐培养基(已灭菌),调节培养基初始 pH 为 7.5,在 30 ℃、160 r/min 摇床条件下过夜,待丙酮完全挥发后接种 10% 的降解菌

株,培养 7 d 后考察不同底物浓度对降解菌株降解效果的影响。每组实验做 3 个平行,并做 3 个空白对照。

2.2.6.2 培养温度的影响

选择合适的底物浓度,调节摇床温度为 25 ℃、30 ℃、35 ℃、40 ℃、45 ℃、50 ℃,在转速为 160 r/min 条件下,接种 10% 的降解菌株,培养 7 d 后考察不同培养温度对降解菌株降解效果的影响。每组实验做 3 个平行,并做 3 个空白对照。

2.2.6.3 初始 pH 的影响

调节无机盐培养基的初始 pH 为 5.5、6.5、7.0、7.5、8.5、9.5,按照最佳温度于摇床转速 160 r/min 条件下培养 7 d 后,考察培养基初始 pH 对降解菌降解效果的影响。每组实验做 3 个平行,并做 3 个空白对照。

2.2.6.4 摇床转速的影响

调节摇床转速为 120 r/min、140 r/min、160 r/min、180 r/min、200 r/min、220 r/min,按照最佳初始 pH 和最佳温度条件培养 7 d 后,考察摇床转速对降解菌降解效果的影响。每组实验做 3 个平行,并做 3 个空白对照。

2.2.6.5 接种量的影响

调节降解菌接种量为 0.5%、1%、3%、5%、7%、10%、15%、20%、30%,于最佳温度、最佳初始 pH 和最佳摇床转速下培养 7 d 后,考察菌株接种量对其降解效果的影响。每组实验做 3 个平行,并做 3 个空白对照。

2.2.6.6 响应曲面优化

在上述单因素实验的基础上找到最佳实验条件的组合作为中心点,在其两侧取适当水平,采用软件 Design Expert 7.0 中 Box-Behnken Design(BBD)设计响应曲面实验,利用回归方程对各个影响因素进行关联分析,优化实验条件,确定降解率最高时的实验条件组合。

2.2.7 气相色谱法测定 DBT 浓度

配制一系列浓度的 DBT 乙酸乙酯溶液进行气相色谱测定,以测得的峰面积为横坐标,样品的质量浓度为纵坐标作图,进行线性回归。标准曲线定期校正。

气相色谱法样品处理方法:取 3 mL 的样品,用 6 mol/L 的 HCl 酸化至 pH≤2 后,加入等体积的乙酸乙酯,用涡旋振荡器振荡萃取 10 min,于 4 ℃、转速 5 000 r/min 条件下离心 10 min,取上清液进行气相色谱测定。Bruker 450 气相色谱仪的色谱条件:色谱柱(30 m×0.32 mm×0.25 μm),采用程序升温(50 ℃恒温 4 min,以 3 ℃/min 升温至 130 ℃,

升温至 300 ℃保温 15 min),检测器为氢离子火焰检测器(FID),温度为 300 ℃,载气为氮气(流速1 mL/min)。降解率 N 计算公式见式(2-1)。

$$N = \left(1 - \frac{C_2}{C_1}\right) \times 100\% \qquad (2-1)$$

其中 N 为菌株降解率,C_1,C_2 分别为空白对照及降解后二苯并噻吩浓度(单位:mg/L)。

2.3　实验结果与讨论

2.3.1　二苯并噻吩降解混合菌的富集筛选

从胜利油田被石油污染的 10 个土样中筛选得到的 10 组混合菌,对二苯并噻吩均有降解效果,如表 2-2 所示,其中 10# 菌群在培养 7 d 后,对 40 mg/L 的二苯并噻吩降解率可以达到 74.42%,降解效果最好,因此后续研究中以 10# 混合菌为菌源分离纯化单菌株。

表 2-2　混合菌对 DBT 的降解

菌群编号	DBT 降解率/%	菌群编号	DBT 降解率/%
1#	23.56	6#	17.65
2#	15.13	7#	6.46
3#	32.62	8#	4.92
4#	50.46	9#	14.81
5#	10.23	10#	74.42

2.3.2　二苯并噻吩降解单菌的分离纯化

通过对 10# 混合菌的多次稀释涂布,从涂有 DBT 的 LB 固体培养基中共筛选出 13 株生长状况良好的单菌,其中 5 株单菌(LKY-1、LKY-3、LKY-5、LKY-6、LKY-13)可以利用二苯并噻吩为唯一碳源生长,降解效果如图 2-1 所示。可以看出,LKY-1、LKY-5、LKY-6菌株的降解率均超过 50%,其中 LKY-5 菌株的降解效果最好,可以达到 81.79%。

此外,参照《常见细菌系统鉴定手册》[60]对这 5 株降解菌进行了部分生理生化实验,包括菌落形态观察、革兰氏染色、过氧化氢酶、吲哚实验、甲基红实验、V-P 实验、明胶液化、运动性实验及糖醇发酵等实验,结果如表 2-3 所示。该 5 株单菌的平板画线如图 2-2 所示。

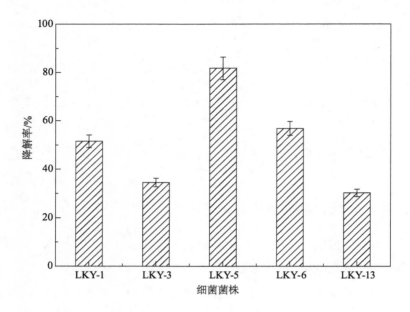

图 2-1 单菌株对二苯并噻吩的降解

表 2-3 部分生理生化实验结果

生理生化实验	菌株编号				
	LKY-1	**LKY-3**	**LKY-5**	**LKY-6**	**LKY-13**
菌落形态	圆形,橘红色,光滑	圆形,黄色,黏稠	齿状,淡灰黄色,褶皱	圆形,淡黄色,光滑	圆形,白色,光滑
革兰氏染色	＋	－	－	＋	－
过氧化氢酶	＋	＋	＋		＋
吲哚实验	＋	＋	＋		＋
甲基红实验	－	－	－	－	－
V-P 实验	－	－	－	－	－
明胶液化	－	＋	＋	＋	－
运动性实验	－	＋	＋	＋	＋
糖醇发酵	＋	＋	＋	＋	＋

注:“＋”为阳性反应,“－”为阴性反应

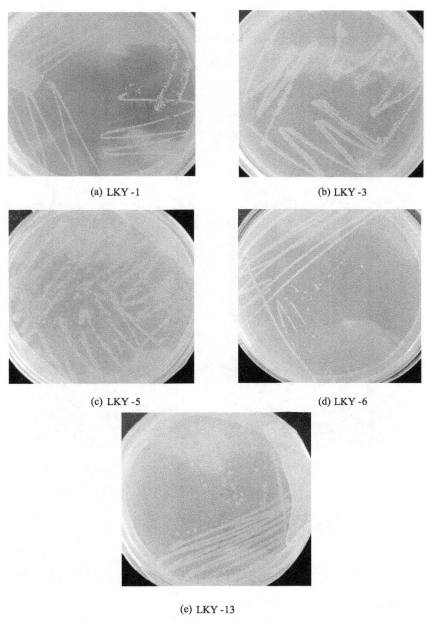

(a) LKY-1

(b) LKY-3

(c) LKY-5

(d) LKY-6

(e) LKY-13

图 2-2 降解菌株的平板画线

2.3.3 降解菌株的分子鉴定及系统发育分析

2.3.3.1 细菌基因组 DNA 的提取及 PCR 扩增

对试剂盒提取得到的 5 株降解菌 DNA 进行琼脂糖凝胶电泳检测,得到了相应的条带,如图 2-3(a)中 1、2、3、4 和 5 泳道(分别表示 LKY-1、LKY-3、LKY-5、LKY-6 和

LKY-13 菌株)所示,并且与分子标记 λ-EcoT14 I digest DNA Marker 电泳条带(M 泳道)进行对比,发现所获得的细菌 DNA 片段长度完全满足下一步 PCR 的要求。但是这 5 个电泳条带整体偏暗,含量较少,为了满足后续 16S rDNA 测序所需要的量,需要对其进行 PCR 扩增,扩增得到的 PCR 产物电泳图如图 2-3(b)所示。从图 2-3(b)中可以看出 1、2、3、4 和 5 泳道在 Marker 1 500 bp 处有明显条带,阴性对照(—)没有条带,表明该 PCR 反应体系能够有效扩增出目标产物,并且在操作过程中没有造成污染。

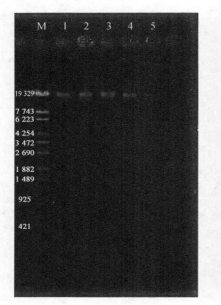 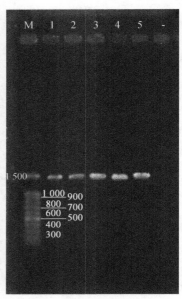

(a) DNA 琼脂糖凝胶电泳图　　　　(b) PCR 产物琼脂糖凝胶电泳图

图 2-3　降解菌株的 DNA 和 PCR 产物凝胶电泳图

2.3.3.2　16S rDNA 序列分析

(1) LKY-1

采用细菌 16S rDNA 通用引物(27F、1492R)对菌株 LKY-1 的 DNA 进行扩增后,得到了 1 424 bp 长度的 DNA 片段,序列结果如下所示:

CGGGGGGGGCGCTTACCATGCAAGTCGAACGATGAAGCCCAGCTTGCTGG
GTGGATTAGTGGCGAACGGGTGAGTAACACGTGGGTGATCTGCCCTGCACT
TCGGGATAAGCCTGGGAAACTGGGTCTAATACCGGATAGGACCTCGGGATG
CATGTTCCGGGGTGGAAAGGTTTTCCGGTGCAGGATGGGCCCGCGGCCTAT
CAGCTTGTTGGTGGGGTAACGGCCCACCAAGGCGACGACGGGTAGCCGGC
CTGAGAGGGCGACCGGCCACACTGGGACTGAGACACGGCCCAGACTCCTA
CGGGAGGCAGCAGTGGGGAATATTGCACAATGGGCGCAAGCCTGATGCAC

CGACGCCGCGTGAGGGATGACGGCCTTCGGGTTGTAAACCTCTTTCAGTAC
CGACGAAGCGCAAGTGACGGTAGGTACAGAAGAAGCACCGGCCAACTAC
GTGCCAGCAGCCGCGGTAATACGTAGGGTGCGAGCGTGTCCGGAATTACTG
GGCGTAAAGAGCTCGTAGGCGGTTTGTCGCGTCGTCTGTGAAAACCCGCA
GCTCAACTGCGGGCTTGCAGGCGATACGGGCAGACTTGAGTACTGCAGGG
GAGACTGGAATTCCTGGTGTAGCGGTGAAATGCGCAGATATCAGGAGGAA
CACCGGTGGCGAAGGCGGGTCTCTGGGCAGTAACTGACGCTGAGGAGCGA
AAGCGTGGGTAGCGAACAGGATTAGATACCCTGGTAGTCCACGCCGTAAAC
GGTGGGCGCTAGGTGTGGGTTTCCTTCCACGGGATCCGTGCCGTAGCTAAC
GCATTAAGCGCCCCGCCTGGGGAGTACGGCCGCAAGGCTAAAACTCAAAG
GAATGACGGGGGCCCGCACAAGCGGCGGAGCATGTGGATTAATTCGATGC
AACGCGAAGAACCTTACCTGGGTTTGACATACACCGGACCGCCCCAGAGA
TGGGGTTTCCCTTGTGGTCGGTGTACAGGTGGTGCATGGCTGTCGTCAGCT
CGTGTCGTGAGATGTTGGGTTAAGTCCCGCAACGAGCGCAACCCTTGTCCT
GTGTTGCCAGCACGTAATGGTGGGGACTCGCAGGAGACTGCCGGGGTCAA
CTCGGAGGAAGGTGGGGACGACGTCAAGTCATCATGCCCCTTATGTCCAGG
GCTTCACACATGCTACAATGGCCGGTACAGAGGGCTGCGATACCGCGAGGT
GGAGCGAATCCCTTAAAGCCGGTCTCAGTTCGGATCGGGGTCTGCAACTCG
ACCCCGTGAAGTCGGAGTCGCTAGTAATCGCAGATCAGCAACGATGCGGT
GAATACGTTCCCGGGCCTTGTACACACCGCCCGTCACGTCATGAAAGTCGG
TAACACCCGAAGCCGGTGGCCTAACCCCTCGTGGGAGGAGCCGTCGAACG
GTGGATTCGGGT

　　将 LKY-1 的测序结果提交到美国国家生物技术信息中心建立的 DNA 序列数据库（GenBank）里进行比对，发现菌株 LKY-1 与红球菌属（*Rhodococcus* sp.）PG-3-17（JF820114）的同源性最高（99%），同时和多菌株，如赤红球菌（*Rhodococcus ruber*）（JF895525）、*Rhodococcus* sp. S-SL-3（FJ529024）、*Rhodococcus* sp. TG13（KM235731）有98%的同源性。在 GenBank 上可以检索到 *Rhodococcus* 属的菌株对丁烷、硫丹、联苯以及丁草胺具有降解作用。Davoodi-Dehaghani 等[61] 报道的红串红球菌（*Rhodococcus erythropolis*）SHT87 可以通过"4S"途径将 DBT 转化为 2-HBP。细菌分类学家普遍认为16S rDNA 序列同源性大于或等于 90% 可视为同属，同源性大于 97.5% 的细菌菌株可视为同种。国际系统细菌学委员会在 1987 年规定，DNA 同源性大于或等于 70%，同时杂交分析的解链温度差大于或等于 5 ℃作为细菌种的界限。因此，可以初步将 LKY-1 鉴定为红球菌属（*Rhodococcus*）。

（2）LKY-3

采用细菌通用引物对菌株 LKY-3 的 DNA 进行扩增后,得到了 1 425 bp 长度的 DNA 片段,序列结果如下所示:

GGGGGGGGGTGCCTTAACCATGCAAGTCGAACGATGATGCCCAGCTTGCT
GGGCGGATTAGTGGCGAACGGGTGAGTAACACGTGAGTAACCTGCCCTTG
ACTTCGGGATAACTCCGGGAAACCGGGGCTAATACCGGATATGAGCCGCCT
TCGCATGGGGGTGGTTGGAAAGTTTTTCGGTCAGGGATGGGCTCGCGGCCT
ATCAGCTTGTTGGTGGGGTGATGGCCTACCAAGGCGACGACGGGTAGCCG
GCCTGAGAGGGCGACCGGCCACACTGGGACTGAGACACGGCCCAGACTC
CTACGGGAGGCAGCAGTGGGGAATATTGCACAATGGGCGAAAGCCTGATG
CAGCGACGCCGCGTGAGGGATGAAGGCCTTCGGGTTGTAAACCTCTTTCA
GCAGGGAAGAAGCGCAAGTGACGGTACCTGCAGAAGAAGCGCCGGCTAA
CTACGTGCCAGCAGCCGCGGTAATACGTAGGGCGCAAGCGTTGTCCGGAAT
TATTGGGCGTAAAGAGCTCGTAGGCGGTTTGTCGCGTCTGGTGTGAAAACT
CGAGGCTCAACCTCGAGCTTGCATCGGGTACGGGCAGACTAGAGTGCGGT
AGGGGAGACTGGAATTCCTGGTGTAGCGGTGGAATGCGCAGATATCAGGA
GGAACACCGATGGCGAAGGCAGGTCTCTGGGCCGCAACTGACGCTGAGG
AGCGAAAGCATGGGGAGCGAACAGGATTAGATACCCTGGTAGTCCATGCC
GTAAACGTTGGGCACTAGGTGTGGGGCTCATTCCACGAGTTCCGTGCCGCA
GCAAACGCATTAAGTGCCCCGCCTGGGGAGTACGGCCGCAAGGCTAAAAC
TCAAAGGAATTGACGGGGGCCCGCACAAGCGGCGGAGCATGcGGATTAAT
TCGATGCAACGCGAAGAACCTTACCAAGGCTTGACATGCACGAGAAGCCA
CCAGAGATGGTGGTCTCTTTGGACACTCGTGCACAGGTGGTGCATGGTTGT
CGTCAGCTCGTGTCGTGAGATGTTGGGTTAAGTCCCGCAACGAGCGCAAC
CCTCGTCCCATGTTGCCAGCGGGTTATGCCGGGGACTCATGGGAGACTGCC
GGGGTCAACTCGGAGGAAGGTGGGGATGACGTCAAATCATCATGCCCCTTA
TGTCTTGGGCTTCACGCATGCTACAATGGCCGGTACAAAGGGCTGCGATAC
CGTAAGGTGGAGCGAATCCCAAAAAGCCGGTCTCAGTTCGGATTGGGGTC
TGCAACTCGACCCCATGAAGTCGGAGTCGCTAGTAATCGCAGATCAGCAAC
GCTGCGGTGAATACGTTCCCGGGCCTTGTACACACCCCCGTCAAGTCACG
AAAGTCGGTAACACCCGAAGCCCATGGCCCAACCGTTCGCGGGGGGAGTG
GTCGGAAGGGGGGACCG

将 LKY-3 的测序结果提交到 GenBank 里进行比对,结果显示和多株纤维菌属

（*Cellulosimicrobium*），如芬克纤维微菌（*Cellulosimicrobium funkei*）strain（JQ659850）、
Cellulosimicrobium sp. 0707K4-3（HM222665）、纤维化纤维微菌（*Cellulosimicrobium cellulans*）strain（AY114178）和 *Cellulosimicrobium* sp. CH6（HQ619223）等菌株同源性均达到99%，初步将 LKY-3 鉴定为纤维菌属（*Cellulosimicrobium*）。

（3）LKY-5

采用细菌通用引物对菌株 LKY-5 的 DNA 进行扩增后，得到了 1 440 bp 长度的 DNA 片段，序列结果如下所示：

GGGGGGGGCGGGCCTTAAACATGCAAGTCGAGCGGATGAGTGGAGCTTGC
TCCATGATTCAGCGGCGGACGGGTGAGTAATGCCTAGGAATCTGCCTGGTA
GTGGGGGACAACGTTTCGAAAGGAACGCTAATACCGCATACGTCCTACGG
GAGAAAGTGGGGGATCTTCGGACCTCACGCTATCAGATGAGCCTAGGTCG
GATTAGCTAGTTGGTGAGGTAAAGGCTCACCAAGGCGACGATCCGTAACTG
GTCTGAGAGGATGATCAGTCACACTGGAACTGAGACACGGTCCAGACTCC
TACGGGAGGCAGCAGTGGGGAATATTGGACAATGGGCGAAAGCCTGATCC
AGCCATGCCGCGTGTGTGAAGAAGGTCTTCGGATTGTAAAGCACTTTAAGT
TGGGAGGAAGGGCAGTAAGTTAATACCTTGCTGTTTTGACGTTACCGACAG
AATAAGCACCGGCTAACTTCGTGCCAGCAGCCGCGGTAATACGAAGGGTG
CAAGCGTTAATCGGAATTACTGGGCGTAAAGCGCGCGTAGGTGGTTCGTTA
AGTTGGATGTGAAAGCCCCGGGCTCAACCTGGGAACTGCATCCAAAACTG
GCGAGCTAGAGTATGGCAGAGGGTGGTGGAATTTCCTGTGTAGCGGTGAAA
TGCGTAGATATAGGAAGGAACACCAGTGGCGAAGGCGACCACCTGGGCTA
ATACTGACACTGAGGTGCGAAAGCGTGGGGAGCAAACAGGATTAGATACC
CTGGTAGTCCACGCCGTAAACGATGTCGACTAGCCGTTGGGATCCTTGAGA
TCTTAGTGGCGCAGCTAACGCATTAAGTCGACCGCCTGGGGAGTACGGCCG
CAAGGTTAAAACTCAAATGAATTGACGGGGGCCCGCACAAGCGGTGGAGC
ATGTGGTTTAATTCGAAGCAACGCGAAGAACCTTACCAGGCCTTGACATGC
AGAGAACTTTCCAGAGATGGATGGGTGCCTTCGGGAACTCTGACACAGGT
GCTGCATGGCTGTCGTCAGCTCGTGTCGTGAGATGTTGGGTTAAGTCCCGT
AACGAGCGCAACCCTTGTCCTTAGTTACCAGCACGTTAAGGTGGGCACTCT
AAGGAGACTGCCGGTGACAAACCGGAGGAAGGTGGGGATGACGTCAAGT
CATCATGGCCCTTACGGCCTGGGCTACACACGTGCTACAATGGTCGGTACA
AAGGGTTGCCAAGCCGCGAGGTGGAGCTAATCCCATAAAACCGATCGTAGT
CCGGATCGCAGTCTGCAACTCGACTGCGTGAAGTCGGAATCGCTAGTAATC

GTGAATCAGAATGTCACGGTGAATACGTTCCCGGGCCTTGTACACACCGCC
CGTCACACCATGGGAGTGGGTTGCTCCAGAAGTAGCTAGTCTAACCTTCGG
GGGACGGTACCACCGAGTATTACCT

将 LKY-5 的测序结果提交到 GenBank 进行比对,发现 LKY-5 和多株假单胞菌属 (*Pseudomonas*),如 *Pseudomonas* sp. BC041(HQ105010)、施氏假单胞菌(*Pseudomonas stutzeri*) strain GAPP4(GU396288)、*Pseudomonas* sp. sw1(EF559249)和 *Pseudomonas* sp. E1-4(DQ227347)等菌株同源性均达到 99%。因此,初步将 LKY-5 鉴定为假单胞菌属(*Pseudomonas*)。在 GenBank 里检索到该属的多株细菌可以降解咔唑、多环芳烃、磺酰脲类除草剂,能够适应碱性和高温环境。Liang 等[62]分离得到的 *Pseudomonas* sp. JP1 在厌氧条件下,培养 40 d 后能够降解 30% 的苯并芘、47% 荧蒽和 5% 菲。Lin 等[63]发现 *Pseudomonas* sp. BZ-3 能够降解 75% 的菲,也能利用萘、蒽和芘作为唯一碳源和能源。

(4) LKY-6

采用细菌通用引物对菌株 LKY-6 的 DNA 进行扩增后,得到了 1 386 bp 长度的 DNA 片段,序列结果如下所示:

GGGGGGGCAGGCTTACACATGCAGTCGAACGGTCTCTTCGGAGGCAGTGG
CAGACGGGTGAGTAACGCGTGGGAATCTACCCAGTTCTACGGAATAACGC
AGGGAAACTTGCGCTAATACCGTATACGCCCTACGGGGGAAAGATTTATCG
GAATTGGATGAGCCCGCGTAAGATTAGCTAGTTGGTGAGGTAATGGCTCAC
CAAGGCGACGATCTTTAGCTGGTCTGAGAGGATGATCAGCCACACTGGGA
CTGAGACACGGCCCAGACTCCTACGGGAGGCAGCAGTGGGGAATATTGGA
CAATGGGCGCAAGCCTGATCCAGCCATGCCGCGTGAGTGATGAAGGCCTTA
GGGTTGTAAAGCTCTTTCAGTAGGGAAGATAATGACGGTACCTACAGAAGA
AGCCCCGGCTAACTTCGTGCCAGCAGCCGCGGTAATACGAAGGGGGCTAG
CGTTGTTCGGATTTACTGGGCGTAAAGCGCACGTAGGCGGATCGTTAAGTC
AGAGGTGAAATCCCGGAGCTCAACTCCGGAACTGCCTTTGATACTGGCGAT
CTCGAGTCCGGAAGAGGTAAGTGGAACTCCTAGTGTAGAGGTGGAATTCG
TAGATATTAGGAAGAACACCAGTGGCGAAGGCGGCTTACTGGTCCGGAAC
TGACGCTGAGGTGCGAAAGCGTGGGGAGCAAACAGGATTAGATACCCTGG
TAGTCCACGCCGTAAACTATGAGAGCTAGCCGTTGGGTGGTTTACCACTCA
GTGGCGCAGCTAACGCATTAAGCTCTCCGCCTGGGGAGTACGGTCGCAAGA
TTAAAACTCAAAGGAATTGACGGGGGCCCGCACAAGCGGTGGAGCATGTG
GTTTAATTCGAAGCAACGCGAAGAACCTTACCAGCCCTTGACATGGTCGGA

CGGTTTCCAGAGATGGATTCCTTCACTTCGGTGACTGACACACAGGTGCTG
CATGGCTGTCGTCAGCTCGTGTCGTGAGATGTTGGGTTAAGTCCCGCAACG
AGCGCAACCCTCGTCCTTAGTTGCCATCATTCAGTTGGGCACTCTAAGGAG
ACTGCCGGTGATAAGCCGGAGGAAGGTGGGGATGACGTCAAGTCATCATG
GCCCTTATGGGCTGGGCTACACACGTGCTACAATGGCGGTGACAGAGGGC
AGCTACATGGCGACATGATGCTAATCCCAAAAAACCGTCTCAGTTCGGATT
GCACTCTGCAACTCGGGTGCATGAAGTTGGAATCGCTAGTAATCGCAGATC
AGCATGCTGCGGTGAATACGTTCCCGGGCCTTGTACACACCGCCCGTCACA
CCATGGGAGTTGGTTCTACCCGAAGCCGGTGCGCTAACCGCAAGGAAGCA
GCCGACCACGGTACGTTCCGG

　　将 LKY－6 的测序结果提交到 GenBank 里进行比对,结果显示与 *Devosia* sp. CZGSY5(KJ184957)菌株的同源性为 99%,与 *Devosia hwasunensis*(AM393883)、 *Devosia* sp.(FJ377884)和 *Devosia subaequoris* strain(NR042544)等菌株的同源性为 98%,因此初步将 LKY－6 鉴定为德沃斯氏菌属(*Devosia*)。

　　(5) LKY－13

　　采用细菌通用引物对菌株 LKY－13 的 DNA 进行扩增后,得到了 1 444 bp 长度的 DNA 片段,序列结果如下所示:

GGGGGGGGTGCTATAATGCAAGTCGAGCGAACAGAGAAGGAGCTTGCTCC
TTCGACGTTAGCGGCGGACGGGTGAGTAACACGTGGGCAACCTACCTTATA
GTTTGGGATAACTCCGGGAAACCGGGGCTAATACCGAATAATCTGTTTCAC
CTCATGGTGAAACACTGAAAGACGGTTTCGGCTGTCGCTATAGGATGGGCC
CGCGGCGCATTAGCTAGTTGGTGAGGTAACGGCTCACCAAGGCGACGATG
CGTAGCCGACCTGAGAGGGTGATCGGCCACACTGGGACTGAGACACGGCC
CAGACTCCTACGGGAGGCAGCAGTAGGGAATCTTCCACAATGGGCGAAAG
CCTGATGGAGCAACGCCGCGTGAGTGAAGAAGGATTTCGGTTCGTAAAAC
TCTGTTGTAAGGGAAGAACAAGTACAGTAGTAACTGGCTGTACCTTGACGG
TACCTTATTAGAAAGCCACGGCTAACTACGTGCCAGCAGCCGCGGTAATAC
GTAGGTGGCAAGCGTTGTCCGGAATTATTGGGCGTAAAGCGCGCGCAGGT
GGTTTCTTAAGTCTGATGTGAAAGCCCACGGCTCAACCGTGGAGGGTCATT
GGAAACTGGGAGACTTGAGTGCAGAAGAGGATAGTGGAATTCCAAGTGTA
GCGGTGAAATGCGTAGAGATTTGGAGGAACACCAGTGGCGAAGGCGACTA
TCTGGTCTGTAACTGACACTGAGGCGCGAAAGCGTGGGGAGCAAACAGGA
TTAGATACCCTGGTAGTCCACGCCGTAAACGATGAGTGCTAAGTGTTAGGG

GGTTTCCGCCCCTTAGTGCTGCAGCTAACGCATTAAGCACTCCGCCTGGGG
AGTACGGTCGCAAGACTGAAACTCAAAGGAATTGACGGGGGCCCGCACAA
GCGGTGGAGCATGTGGTTTAATTCGAAGCAACGCGAAGAACCTTACCAGG
TCTTGACATCCCGTTGACCACTGTAGAGATATGGTTTCCCCTTCGGGGGCA
ACGGTGACAGGTGGTGCATGGTTGTCGTCAGCTCGTGTCGTGAGATGTTGG
GTTAAGTCCCGCAACGAGCGCAACCCTTGATCTTAGTTGCCATCATTTAGTI
GGGCACTCTAAGGTGACTGCCGGTGACAAACCGGAGGAAGGTGGGGATG
ACGTCAAATCATCATGCCCCTTATGACCTGGGCTACACACGTGCTACAATGG
ACGATACAAACGGTTGCCAACTCGCGAGAGGGAGCTAATCCGATAAAGTC
GTTCTCAGTTCGGATTGTAGGCTGCAACTCGCCTACATGAAGCCGGAATCG
CTAGTAATCGCGGATCAGCATGCCGCGGTGAATACGTTCCCGGGCCTTGTA
CACACCGCCCGTCACACCACGAGAGTTTGTAACACCCGAAGTCGGTGAGG
TAACCTTTGGAGCCAGCCGCCGAAAGGCT

将 LKY-13 的测序结果提交到 GenBank 里进行比对,发现 LKY-13 与赖氨酸芽孢杆菌属(*Lysinibacillus*)的多株细菌,如梭形赖氨酸芽孢杆菌(*Lysinibacillus fusiformis*) strain H3(JN416567)、*Lysinibacillus* sp. E4(JN082733)、*Lysinibacillus* sp. YC12(JQ446580)和 *Lysinibacillus fusiformis* strain fwzb5(KF208480)等菌株的同源性达到 99%,因此初步将 LKY-13 鉴定为赖氨酸芽孢杆菌属(*Lysinibacillus*)。

2.3.3.3 系统发育分析

根据所得序列在 NCBI 数据库中 Blast 的结果,通过邻接法对 LKY-1、LKY-3、LKY-5、LKY-6、LKY-13 等 5 株菌,以及其各自相似性较高的序列进行了系统发育分析,见图 2-4,*Cenarchaeum symbiosum*(U51469)被作为外群。系统发育结果显示,LKY-5 和 LKY-6 都属于变形菌纲(Proteobacteria),LKY-1 和 LKY-3 属于放线菌纲(Actinobacteria),LKY-13 属于杆菌纲(Bacilli)。系统树各分支的置信度经过重抽样法 1 000 次重复检验。LKY-1 和 *Rhodococcus rubber*(JF895525)置信度高达 100%,进化距离短,说明 LKY-1 属于红球菌属(*Rhodococcus*)。LKY-3 与 *Cellulosimicrobium funkei* strain(JQ659850)有 93% 的置信度,亲缘关系接近并聚为一簇,说明 LKY-3 属于纤维菌属(*Cellulosimicrobium*)。LKY-5 与 *Pseudomonas* sp.(HQ105010)有 90% 的置信度,亲缘关系接近,说明 LKY-5 属于假单胞菌属(*Pseudomonas*)。同样可以看出,LKY-6 与 *Devosia hwasunensis*(AM393883)、LKY-13 与 *Lysinibacillus fusiformis* strain(JN416567)有很近的亲缘关系,可以将其确定到相应的属(genus)分类阶元,但进一步分类需要通过 DNA 杂交实验来完成。

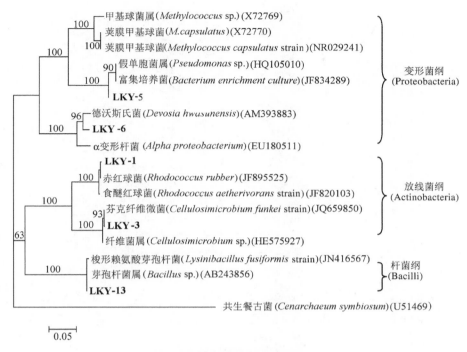

图 2-4　降解菌株的系统进化树

2.3.4　单因素对 DBT 降解率的影响

筛选分离得到的 5 株单菌(LKY-1、LKY-3、LKY-5、LKY-6、LKY-13)对二苯并噻吩均具有降解效果,选择降解效果最好的 LKY-5 菌株进行单因素实验,考察底物浓度、培养温度、初始 pH、摇床转速和接种量对其降解率的影响。

2.3.4.1　底物浓度

生物降解系统中同一种底物在其不同浓度条件下表现出的生物降解率是不同的,底物浓度太低不利于降解菌的存活和诱导产生降解酶系,浓度过高则会对微生物产生毒害作用,抑制底物的代谢,因此存在一个能够被有效降解的最适底物浓度[64]。不同 DBT 浓度(20~600 mg/L)对 LKY-5 降解率的影响如图 2-5 所示。当 DBT 浓度小于 100 mg/L 时,LKY-5 对 DBT 的降解率随着底物浓度的升高而升高,在 DBT 浓度为 100 mg/L 时降解率达到最大值(98.63%),而后随着底物浓度的升高降解率降低,当底物浓度增大到 600 mg/L 时,对降解菌 LKY-5 的毒害作用增强,降解率仅为 5.78%。

2.3.4.2　培养温度

温度是影响微生物酶活性的重要因素,不同的微生物的适宜生长温度也不同。不同培养温度(25~50 ℃)对 LKY-5 降解率的影响如图 2-6 所示。随着温度的上升,

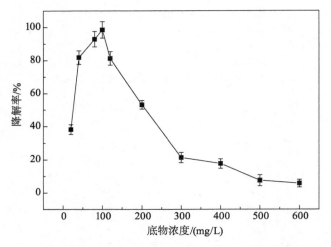

图 2-5　底物浓度对 LKY-5 降解率的影响

LKY-5 对 DBT 的降解率先升高后降低,30 ℃时 DBT(200 mg/L)降解率能够达到最高(53.2%),当温度升至 50 ℃时,DBT 的降解率为 34.1%,可见高温(大于 35 ℃)不利于 LKY-5 代谢活动的进行。

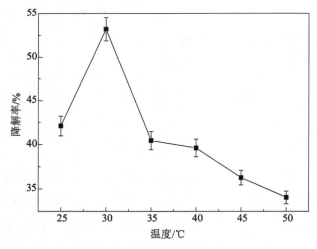

图 2-6　培养温度对 LKY-5 降解率的影响

2.3.4.3　初始 pH

pH 对微生物的生命活动有很大影响,主要包括以下 3 个方面:引起细胞膜电荷的改变,影响细胞对营养物质的吸收;使蛋白质、核酸等生物大分子所带电荷发生变化,从而影响其生物活性;改变生长环境中有害物质的毒性以及营养物质的可给性[65]。每种微生物均有其适宜生长的 pH 范围。不同初始 pH(5.5~9.5)条件对 LKY-5 降解率的影响如图

2-7 所示。从图 2-7 中可以看出,LKY-5 最适宜 pH 为 7.5;相对于碱性环境,酸性条件更不利于 LKY-5 对 DBT 的降解。

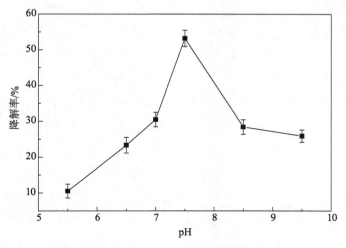

图 2-7　初始 pH 对 LKY-5 降解率的影响

2.3.4.4　摇床转速

对于好氧菌,摇床转速影响培养液的湍流程度与传质阻力,以及氧的转移速率,进而影响菌株的生长。不同摇床转速(120～220 r/min)对 LKY-5 降解率的影响如图 2-8 所示。从图 2-8 中可以看出,摇床转速小于 160 r/min 时,DBT 降解率随着摇床转速的增大而增大,但是当转速大于 160 r/min 时,LKY-5 对 DBT 的降解率呈下降趋势。原因可能是随着摇床转速的增大,培养基中氧气逐渐趋于饱和,继续增大转速不会增加溶解氧量,不利于降解菌细胞对 DBT 的吸附和降解。因此,降解菌株 LKY-5 的最佳摇床转速为 160 r/min。

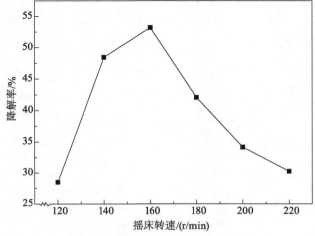

图 2-8　摇床转速对 LKY-5 降解率的影响

2.3.4.5 接种量

不同接种量(0.5%～30%)对 LKY-5 降解率的影响如图 2-9 所示。从图 2-9 中可以看出,随着接种量的增大(0.5%～10%),LKY-5 对 DBT 的降解率有明显增加。接种量的增大,能够缩短微生物生长的延迟期,使其更快地达到较高的菌密度,更有利于底物的降解。当接种量继续增大时(10%～30%),LKY-5 对 DBT 的降解率增加幅度迅速减小,且接种量过大从经济上会造成不必要的浪费,因此过高或过低的接种量均不适合 LKY-5 对 DBT 的降解,10% 的接种量较为合适。

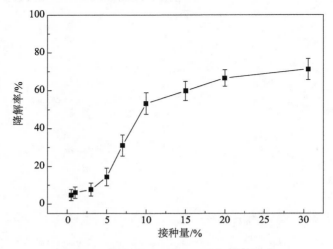

图 2-9 接种量对 LKY-5 降解率的影响

2.3.5 响应曲面法优化降解菌的培养条件

2.3.5.1 模型方程的建立及显著性检验

结合上述单因素实验结果,选择底物浓度(X_1)、培养温度(X_2)、初始 pH(X_3)和摇床转速(X_4)为考察因素,即自变量,以 DBT 降解率为响应值,即因变量,采用 Box-Behnken Design(BBD)响应曲面法设计四因素三水平共 29 组实验,自变量编码和水平如表 2-4 所示,实验设计及结果如表 2-5 所示。

表 2-4 BBD 设计实验因素及水平

编码	自变量	−1	0	+1
X_1	底物浓度/(mg/L)	100	200	300
X_2	培养温度/℃	25	30	35
X_3	初始 pH	6.5	7.5	8.5
X_4	摇床转速/(r/min)	140	160	180

表 2-5 实验设计及结果

实验编号	底物浓度/(mg/L)	培养温度/℃	初始 pH	摇床转速/(r/min)	降解率/%	
					实验值	预测值
1	200	30	6.5	140	49.74	49.12
2	200	30	8.5	140	61.15	53.98
3	200	30	7.5	160	47.58	46.73
4	200	35	8.5	160	42.59	43.00
5	100	30	6.5	160	100	94.54
6	300	30	7.5	180	45.71	30.76
7	300	35	7.5	160	24.04	23.31
8	300	30	8.5	160	3.02	14.90
9	200	30	7.5	160	37.88	46.73
10	200	25	7.5	180	47.98	50.24
11	100	30	7.5	180	100	103.51
12	200	30	7.5	160	51.51	46.73
13	300	25	7.5	160	3.67	10.34
14	200	30	6.5	180	48.69	54.48
15	200	25	6.5	160	46.48	41.03
16	200	30	7.5	160	47.89	46.73
17	100	35	7.5	160	100	91.95
18	100	30	8.5	160	100	100.74
19	200	30	7.5	160	48.77	46.73
20	200	25	7.5	140	43.52	45.78
21	200	35	7.5	140	49.18	53.34
22	300	30	6.5	160	17.04	22.73
23	300	30	7.5	140	33.55	25.00
24	100	30	7.5	140	100	109.91
25	200	35	6.5	160	40.39	40.44
26	100	25	7.5	160	100	99.35
27	200	25	8.5	160	41.94	36.85
28	200	30	8.5	180	48.73	47.97
29	200	35	7.5	180	44.07	48.23

利用软件 Design Expert 7.0 对表 2-5 中实验数据进行多元回归拟合,获得二次多项式的回归方程预测模型如式(2-2)所示。

$$Y = 188.47 - 1.23X_1 + 9.60X_2 + 52.29X_3 - 4.02X_4 + 0.01X_1X_2 - 0.04X_1X_3 +$$
$$1.52 \times 10^{-3}X_1X_4 + 0.34X_2X_3 - 0.02X_2X_4 - 0.14X_3X_4 +$$
$$1.37 \times 10^{-3}X_1^2 - 0.17X_2^2 - 2.20X_3^2 + 0.02X_4^2 \tag{2-2}$$

式中 Y 是预测 DBT 的降解率,X_1、X_2、X_3、X_4 分别代表底物浓度、培养温度、初始 pH、摇床转速。

对上述预测模型进行方差分析,结果如表 2-6 所示。由表 2-6 可以看出,模型具有极高的显著性(p 值<0.01),失拟项不显著(p 值>0.05),模型的 R^2 为 0.953 4,R_{Adj}^2 为 0.906 9,信噪比为 16.26,说明回归方程拟合度和可信度均较高,能够用该模型对菌株 LKY-5 的降解情况进行分析和预测。方程中 X_1,X_1^2 对 Y 值的影响非常显著,表明实验因子对响应值不是简单的线性关系,二次项对响应值也有很大的影响。通过 p 值分析可知影响 DBT 降解率的最主要因素是底物浓度(X_1),其次是培养温度(X_2),再次是初始 pH(X_3)和摇床转速(X_4)。

在建立回归模型后,研究人员还需对其精度进行检验,以保证该模型是满足一定精度要求的对真实函数的一个近似方程。检验回归模型的精度最常用、最直观的方法是通过残差的计算数据来绘制残差图。对上述预测模型作残差分析,得到残差图如图 2-10 所示,横坐标为标准化后的残差数值,纵坐标为残差的正态分布概率。从图 2-10 中可以看出,每个响应变量的残差基本分布在一条直线上,表明误差呈正态分布,该回归模型满足最小二乘回归分析方法的要求,具有相当高的可靠性。

表 2-6 响应曲面二次回归模型方差分析

方差来源	平方和	自由度	均方	F 值	p 值 $Prob > F$
模型	20 124.30	14	1 484.90	20.48	<0.000 1
X_1	18 423.22	1	18 641.72	257.13	<0.000 1
X_2	14.59	1	23.19	0.32	0.580 7
X_3	2.60	1	2.01	0.028	0.870 2
X_4	3.80	1	0.32	0.004 4	0.948 0
X_1X_2	45.56	1	103.73	1.43	0.251 5
X_1X_3	8.12	1	49.14	0.68	0.424 1
X_1X_4	4.43	1	36.97	0.51	0.486 9
X_2X_3	11.36	1	11.36	0.16	0.698 2
X_2X_4	36.91	1	22.90	0.32	0.583 0
X_3X_4	1.40	1	32.32	0.45	0.515 2

（续表）

方差来源	平方和	自由度	均方	F 值	p 值 $Prob > F$
X_1^2	1 153.07	1	1 218.10	16.80	0.001 1
X_2^2	130.17	1	114.02	1.57	0.230 4
X_3^2	26.26	1	31.50	0.43	0.520 5
X_4^2	27.20	1	305.69	4.22	0.059 2
残差	179.21	14	72.50		
失拟项	170.03	10	90.76	3.38	0.125 9
纯误差	9.19	4	26.85		
总和	20 303.51	28			

注：$R^2 = 0.953\ 4$，$R_{Adj}^2 = 0.906\ 9$，信噪比为 16.26。

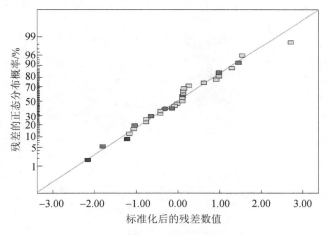

图 2-10　残差分析图

2.3.5.2　响应曲面分析及优化

根据上述回归分析结果作响应曲面图，如图 2-11 和图 2-12 所示。响应曲面的曲率表示两个因素之间交互作用的强烈程度。从图 2-11 中可以看出底物浓度分别和培养温度、初始 pH、摇床转速之间的交互作用较小，底物浓度对降解率的影响最为明显。随着 DBT 浓度从 100 mg/L 上升到 300 mg/L，DBT 的降解率显著下降。培养温度在 25～35 ℃ 范围内，DBT 的降解率没有明显变化；改变初始 pH 和摇床转速并不能显著提高降解菌株 LKY-5 对 DBT 的降解率。

图 2-12 直观地表明了培养温度、初始 pH 和摇床转速这三个变量因素之间的交互作用对 DBT 降解率的影响。当培养温度和初始 pH 增大时，响应值在两个方向上均呈抛物线变化，但培养温度的影响要比初始 pH 的影响显著。当摇床转速从 160 r/min 向两侧变

化(增加或减小)时,响应值均增大。

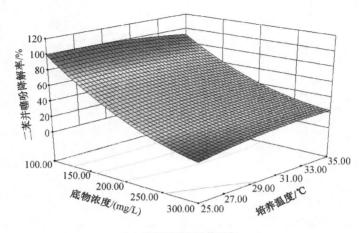

（a）底物浓度和培养温度

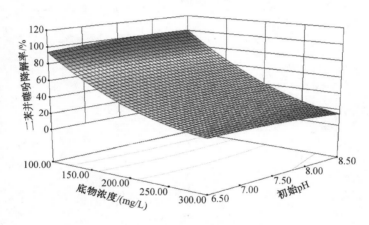

（b）底物浓度和初始 pH

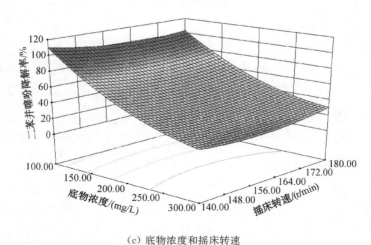

（c）底物浓度和摇床转速

图 2-11　自变量因素之间交互作用的响应曲面图 1

扫码看彩图

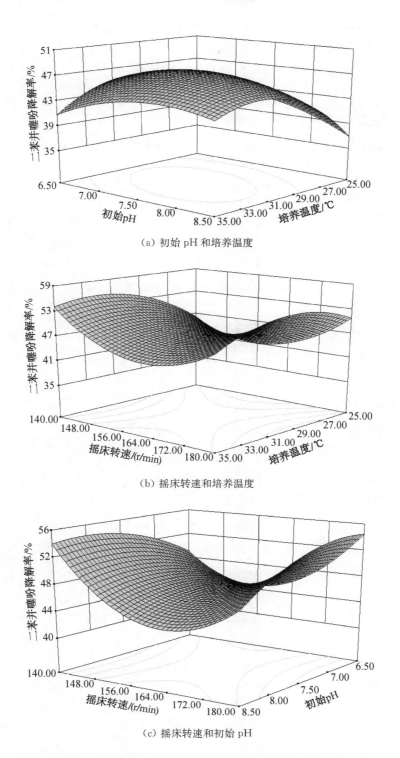

（a）初始 pH 和培养温度

（b）摇床转速和培养温度

（c）摇床转速和初始 pH

图 2-12　自变量因素之间交互作用的响应曲面图 2

运用 Design Expert 7.0 对所得到的响应曲面模型，以响应值为最大进行优化求解，得出当底物浓度为 100 mg/L 时，培养温度为 25～31 ℃，初始 pH 为 7.2～8.5，摇床转速为 140～180 r/min 时基本可以完全降解 DBT。当底物浓度为 200 mg/L 时，摇床转速为 140 r/min，培养温度为 33 ℃，初始 pH 为 8.28，DBT 降解率达 56%。为验证上述二次回归模型的准确性和有效性，在底物浓度为 200 mg/L 的最优化培养条件下进行验证实验，得到 DBT 降解率为 57.3%，与预测结果很接近，说明该回归模型有效。

2.4 本章小结

本章选择二苯并噻吩作为含硫杂环芳烃模式物，从胜利油田长期被石油污染的土样中筛选分离出降解菌，进行分子鉴定和系统发育分析，考察底物浓度、培养温度、初始 pH、摇床转速和接种量对 DBT 降解率的影响，并用响应曲面法对其培养条件进行优化，得出以下结论：

（1）从胜利油田被石油污染的土样中筛选得到 10 组对二苯并噻吩具有降解效果的混合菌，其中 10♯混合菌降解率最高，达 74.42%。通过对 10♯混合菌多次分离、纯化得到 5 株降解单菌，分别命名为 LKY-1、LKY-3、LKY-5、LKY-6、LKY-13，其中 LKY-5 菌株的降解效果最好，能够降解 81.79% 的 DBT（40 mg/L），优于混合菌。

（2）通过对该 5 株降解菌进行分子鉴定和系统发育分析，结果显示：LKY-5 和 LKY-6 属于变形菌纲（Proteobacteria），LKY-1 和 LKY-3 属于放线菌纲（Actinobacteria），LKY-13 属于杆菌纲（Bacilli）。LKY-1、LKY-3、LKY-5、LKY-6、LKY-13 分别鉴定为红球菌属（*Rhodococcus*）、纤维菌属（*Cellulosimicrobium*）、假单胞菌属（*Pseudomonas*）、德沃斯氏菌属（*Devosia*）、赖氨酸芽孢杆菌属（*Lysinibacillus*）。

（3）选择降解效果最好的 LKY-5 菌株进行单因素实验，结果表明，最佳底物浓度为 100 mg/L，最佳培养温度为 30 ℃，最佳初始 pH 为 7.5，最佳摇床转速为 160 r/min，最佳接种量为 10%。

（4）响应曲面法优化结果显示，影响 DBT 降解率的最主要因素是底物浓度，其次是培养温度，再次是初始 pH 和摇床转速。当底物浓度为 100 mg/L，培养温度为 25～31 ℃，初始 pH 为 7.2～8.5，摇床转速为 140～180 r/min 时，7 d 基本可以完全降解 DBT。

第3章 *Pseudomonas* sp. LKY - 5 对二苯并噻吩的降解特性及代谢途径分析

含硫杂环芳烃属于污染面广、毒性较大的一类难降解有机物,具有较强的生物富集性和"三致"效应。微生物降解是去除环境中该类化合物的主要途径。长期受石油污染的土壤中存在着多种可降解有机硫化物的微生物,从代谢方式来看呈现出降解途径的多样性和复杂性。二苯并噻吩(DBT)因其独特的化学结构经常被作为一种模式物来研究含硫杂环芳烃的生物降解特性和代谢途径。根据已经报道的文献,目前微生物代谢 DBT 主要集中在三个相对独立的方式:碳碳键裂解途径(又名"Kodama"途径,以 3 - 羟基 - 2 - 甲酰基苯并噻吩为终产物),硫氧化途径(以 DBT 亚砜或 DBT 砜为主要产物)和硫专一性代谢途径(又名"4S"途径,以 2 - 羟基联苯为终产物)[44-52]。含硫杂环芳烃的微生物降解不仅和其自身的化学结构和水溶性有关,还和降解微生物有关。

因此,本章在第 2 章的基础上,对已筛选得到的二苯并噻吩高效降解菌 *Pseudomonas* sp. LKY - 5 进行形态观察,考察其在不同初始 DBT 浓度下的降解特性,采用 GC-MS 方法对 DBT 的代谢中间产物进行分析和鉴定,推测菌株 LKY - 5 对 DBT 的代谢途径,为将该降解菌株更好地应用于有效、可控的生物修复奠定理论依据。

3.1 实验材料

3.1.1 主要实验仪器及试剂

实验的主要仪器及试剂如表 3-1 所示。

表 3-1 主要实验仪器与试剂

实验仪器与试剂	规格(型号)	生产厂家
实验室专用超纯水机	WP-RO-10(B)	四川沃特尔科技发展有限公司
全温振荡器	HZQ-QX	哈尔滨东联电子技术开发有限公司
立式压力灭菌器	LDZX-75KBS	上海申安医疗器械厂

实验仪器与试剂	规格(型号)	生产厂家
生物净化工作台	BCM-100	苏州净化设备有限公司
生化培养箱	SHP-250	上海培因实验仪器有限公司
电子分析天平	AL204	梅特勒-托利多仪器(上海)有限公司
pH 计	PHS-25 型	上海仪电科学仪器股份有限公司
电热恒温鼓风干燥箱	DHG-9240A	杭州蓝天化验仪器厂
气相色谱仪	Bruker 450	美国布鲁克公司
气相色谱-质谱联用仪	Agilent 7890-5975C	美国安捷伦科技有限公司
场发射扫描电镜	S-4800	日本日立公司
旋转蒸发器	RE 52-98	上海亚荣生化仪器厂
循环水式真空泵	SHZ-D(Ⅲ)	上海予华仪器设备有限公司
Na_2HPO_4	AR	国药集团化学试剂有限公司
KH_2PO_4	AR	国药集团化学试剂有限公司
$NaNO_3$·	AR	国药集团化学试剂有限公司
$MgSO_4$	AR	国药集团化学试剂有限公司
$CaCl_2$	AR	国药集团化学试剂有限公司
$FeSO_4 \cdot 7H_2O$	AR	国药集团化学试剂有限公司
酵母粉	生物试剂	国药集团化学试剂有限公司
蛋白胨	生物试剂	国药集团化学试剂有限公司
琼脂	生物试剂	国药集团化学试剂有限公司
二苯并噻吩	纯度 98%	阿拉丁制药
乙酸乙酯	AR	西陇化工股份有限公司
丙酮	AR	国药集团化学试剂有限公司
无水硫酸钠	AR	国药集团化学试剂有限公司

3.1.2 培养基

无机盐培养基:Na_2HPO_4 0.6 g,KH_2PO_4 0.2 g,$NaNO_3$ 4.0 g,$CaCl_2$ 0.01 g,$FeSO_4$ 0.01 g,$MgSO_4$ 0.3 g,酵母粉 0.5 g,蒸馏水 1 000 mL,调节 pH 至 7.2~7.5。

LB 培养基:蛋白胨 10 g,酵母粉 5 g,NaCl 5 g,蒸馏水 1 000 mL,pH 7.2~7.5。

固体培养基:在 LB 培养基中加入 20 g/L 的琼脂。

3.1.3　菌源

所用菌源为第 2 章中筛选得到的 *Pseudomonas* sp. LKY－5,菌密度为 2.9×10^8 CFU/mL。

3.2　实验方法

3.2.1　LKY－5 的扫描电镜观察

扫描电镜观察的样品处理方法见附录 4。

3.2.2　不同初始 DBT 浓度下 LKY－5 的降解特性考察

配制不同初始 DBT 浓度(50 mg/L、100 mg/L、150 mg/L、200 mg/L、300 mg/L)的无机盐培养基,接种 10% 的菌源液,于 30 ℃、160 r/min 条件下进行摇床实验,考察培养基 pH、DBT 浓度以及菌体量随时间的变化。每组实验做 3 个平行和 3 个空白对照。

3.2.3　DBT 降解率的计算

DBT 降解率的计算方法详见 2.2.7 节。

3.2.4　细胞干重的测定

用移液枪准确吸取 6 mL 不同培养时间的培养液,于 10 000 r/min、4 ℃ 条件下离心 10 min 后,将上清液吸掉,用 5 mL 超纯水充分重悬细胞,反复洗涤 3 次去除培养基成分和残留的 DBT 固体,置于 105 ℃ 干燥箱中烘至恒重后,称重。每个样品做 3 个平行样。

3.2.5　GC-MS 法分析二苯并噻吩代谢产物

以二苯并噻吩为唯一碳源和能源,取不同培养时间段(1～10 d)的无机盐培养基进行混合后,用 6 mol/L 的 HCl 酸化至 pH≤2,加入等体积的乙酸乙酯进行振荡萃取 15 min,重复 3 次,收集萃取液,于 8 000 r/min、4 ℃ 条件下离心 10 min,经无水硫酸钠脱水后,在 35 ℃ 下减压旋转蒸发萃取液至 1～2 mL,过 0.22 μm 的微孔滤膜后收集于色谱瓶中。

使用 Agilent 7890-5975C 气相色谱-质谱联用仪进行定性分析,毛细管柱为 HP-5MS (30 m×250 μm×0.25 μm),进样量 2 μL,不分流,隔垫吹扫流量 3 mL/min,进样口温度 260 ℃,柱温 40 ℃ 保持 1 min,然后以 3 ℃/min 升温到 280 ℃,保持 20 min,用 He 作载气,流速 1.2 mL/min,EM 电压 1 705 V,溶剂延迟 8 min,质量扫描范围(m/z) 33～450,MS 离子源温度 230 ℃,四级杆温度 150 ℃。

3.3 实验结果与讨论

3.3.1 LKY-5 降解菌株的形态观察

为进一步了解降解菌株 LKY-5 的形态特征,对其进行了扫描电镜(SEM)分析,结果如图 3-1 所示。从图 3-1 中可以看出,LKY-5 菌株以杆菌形态存在,长度约为 1.5 μm,宽度约为 0.42 μm。图 3-2(a)为 LKY-5 菌株在涂有 DBT 的 LB 固体培养基中生长的特征图,从图 3-2(a)中可以看出菌落周围有明显降解圈,且有明显黄色物质产生,其他的 4 株降解菌(LKY-1、LKY-3、LKY-6、LKY-13)没有出现这种现象,这也说明了 LKY-5 菌株对 DBT 具有优越的降解能力。图 3-2(b)为 DBT 降解前后培养基对照图,从图 3-2(b)中可以看出经过 LKY-5 菌株的降解后培养基呈现出鲜艳的橘红色,有研究[66]表明 3-羟基-2-甲酰基苯并噻吩(二苯并噻吩产物)是水溶性黄色物质,由此推断该降解过程产生了该化合物。

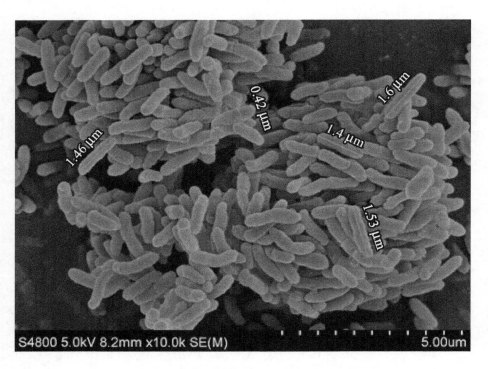

图 3-1 降解菌株 LKY-5 的扫描电镜图

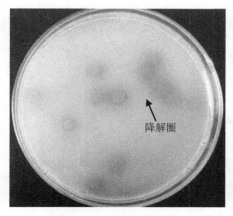

（a）LKY-5 在平板上的形态特征　　　　（b）DBT 降解前后培养基对照图

图 3-2　LKY-5 在平板上的形态特征与 DBT 降解前后培养基对照图

扫码看彩图

3.3.2　不同初始 DBT 浓度下 LKY-5 的降解特性

菌株 LKY-5 在不同初始 DBT 浓度（50 mg/L、100 mg/L、150 mg/L、200 mg/L、300 mg/L）下的降解特性如图 3-3 所示。从图 3-3(a)中可以看出,不同初始 DBT 浓度的培养基经过 24 h 的降解后,其 pH 均从初始 7.11 迅速上升并稳定在 8.5 左右,培养基中 pH 的变化和残留的 DBT 浓度变化没有明显的相关性,由此推测由于无机盐培养基中以 NaNO₃ 为氮源,随着菌株对 NO_3^- 的大量吸收用于合成代谢,培养基 pH 上升呈碱性(硝酸盐又被称作生理碱性盐)。不同初始 DBT 浓度条件下,菌株 LKY-5 的生长和降解曲线如图 3-3(b)和图 3-3(c)所示。从图 3-3(b)和图 3-3(c)中可以看出,菌株 LKY-5 能以 DBT 为生长的唯一碳源和能源,菌体生物量随着底物初始 DBT 浓度的下降而上升。初始 DBT 浓度在 50～200 mg/L 范围内,24 h 内有较为明显的降解,同时菌株生长没有延滞期,直接进入生长对数期。当初始 DBT 浓度为 300 mg/L 时,降解较为缓慢,且菌株生长有一定的延滞,说明高浓度的 DBT 对菌株的降解有一定的抑制作用。菌株 LKY-5 在 144 h 内能够完全降解 50～100 mg/L 的 DBT。随着初始 DBT 浓度从150 mg/L 上升至 300 mg/L,培养 312 h 后降解率从 72.43% 下降到 41.63%。

3.3.3　LKY-5 对 DBT 的代谢产物分析

为了分析 *Pseudomonas* sp. LKY-5 对 DBT 的代谢途径,将不同培养时间段的培养基混合后,对其中间产物进行提取、浓缩,并进行 GC-MS 分析。DBT 代谢中间产物的 GC-MS 总离子流色谱图如图 3-4 所示。经过 NIST 质谱谱库系统检索并结合人工谱图检索,在参考相关文献的基础上,对 DBT 的代谢产物进行了定性分析,结果如表 3-2 所示。

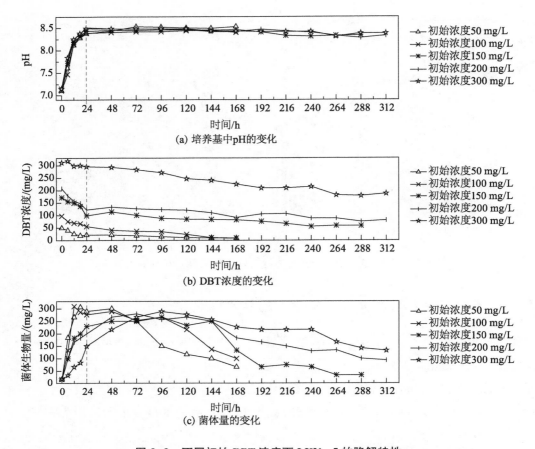

图 3-3　不同初始 DBT 浓度下 LKY-5 的降解特性

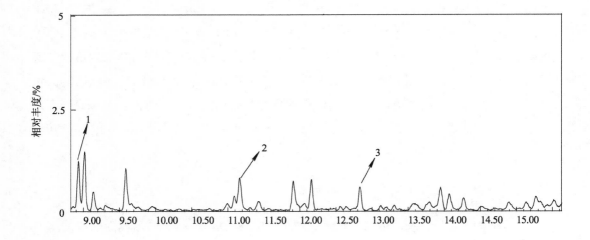

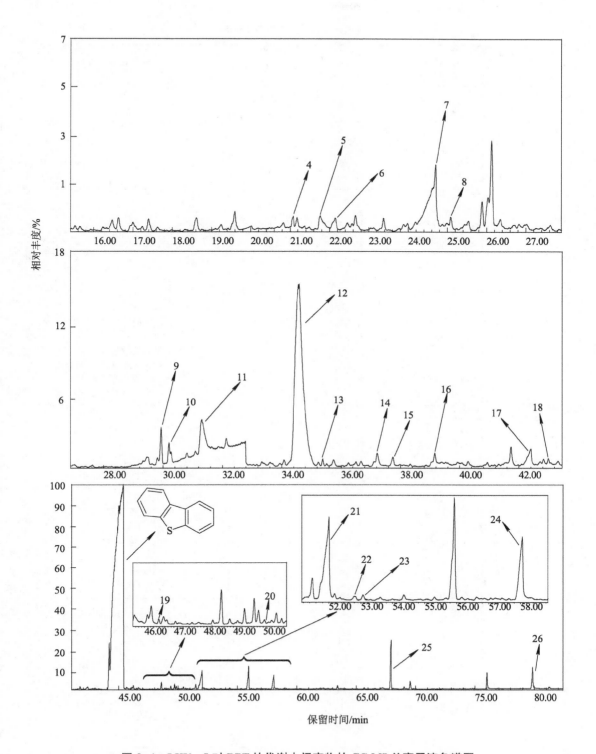

图 3-4　LKY－5 对 DBT 的代谢中间产物的 GC-MS 总离子流色谱图

表 3-2　DBT 的代谢产物分析

序号	保留时间/min	CAS 编号	产物	分子量	结构式
1	8.933	111-71-7	庚醛	114.104	
2	11.168	100-52-7	苯甲醛	106.402	
3	12.832	124-18-5	癸烷	142.172	
4	21.083	65-85-0	苯甲酸	122.037	
5	21.765	120-80-9	邻苯二酚	110.037	
6	22.147	112-40-3	十二烷	170.203	
7	24.701	103-82-2	苯乙酸	136.052	
8	25.107	118-61-6	水杨酸乙酯	166.063	
9	29.934	92-52-4	联苯	154.078	
10	30.268	90-02-8	2-羟基苯甲醛	122.037	
11	31.303	520-72-9	3-羟基苯并噻吩	150.014	
12	34.592	147-93-3	2-巯基苯甲酸（硫代水杨酸）	154.009	
13	35.235	629-62-9	十五烷	212.250	

（续表）

序号	保留时间/min	CAS 编号	产物	分子量	结构式
14	37.223	493-57-2	2,3-苯并噻吩二酮	163.993	
15	37.755	143-07-7	月桂酸（十二烷酸）	200.178	
16	39.167	544-76-3	十六烷	226.266	
17	42.403	6314-28-9	苯并噻吩-2-羧酸	178.210	
18	42.993	629-78-7	十七烷	240.282	
19	46.485	593-45-3	十八烷	254.297	
20	50.63	112-39-0	棕榈酸甲酯（十六烷酸甲酯）	270.256	
21	52.004	57-10-3	棕榈酸	256.240	
22	52.826	628-97-7	棕榈酸乙酯	284.272	
23	53.072	112-95-8	二十烷	282.329	
24	58.059	57-11-4	硬脂酸（十八烷酸）	284.272	
25	67.931	27554-26-3	邻苯二甲酸二异辛酯	390.277	
26	79.858	3844-31-3	硫靛	295.997	

从图 3-4 和表 3-2 可以看出,菌株 LKY－5 降解 DBT 的过程中产生了 26 种可基本确定的代谢产物。其中有苯甲醛、苯甲酸、邻苯二酚,这些产物与多环芳烃常见代谢产物相同。另外,代谢产物中检测出水杨酸乙酯,没有检测出水杨酸,但发现有 2-羟基苯甲醛存在,推测该代谢过程很可能有水杨酸产生。同样,检测出邻苯二甲酸二异辛酯,没有检测出邻苯二甲酸,结合相关文献[67-69]推测这可能是邻苯二甲酸的酯化产物。另外,还检测出苯并噻吩-2-羧酸,推测可能是 Kodama 途径[48]终产物 3-羟基-2-甲酰基苯并噻吩(HFBT)的进一步氧化物,然后噻吩环断裂生成 2-疏基苯甲酸(硫代水杨酸)。同时还检测出有联苯生成,说明 LKY－5 对 DBT 的代谢不是单一的降解,很有可能存在脱硫途径[70-71]。除此之外,还检测出少量的长链烷烃(癸烷、十二烷等)、月桂酸、棕榈酸、硬脂酸以及棕榈酸甲酯、棕榈酸乙酯,这可能是 LKY－5 代谢过程中分泌的表面活性剂组分。Singh 等[72]发现 *Pseudomonas* sp. strain GBS.5 在降解咔唑的过程中也产生了不同长度的长链烷烃,如十四烷、十五烷、十六烷、十七烷和二十烷,以及硬脂酸酰胺和棕榈酰胺。同样,Patel 等[73]研究发现在假黄色单胞菌属(*Pseudoxanthomonas* sp.) DMVP2 对菲的降解过程中产生了十四烷、十五烷、二十烷酸以及邻苯二甲酸的酯化产物,由此推测这些物质是产生的生物表面活性剂的组分,原因是细菌可能将其氧化生成相应的脂肪酸,并形成糖脂。这个结论和 Nayak 等[74]发现表面活性剂产生菌 *Pseudoxanthomonas* sp. PNK－04 产生的鼠李糖脂中有长链烷烃的结果一致。结合上述文献和本书研究检测出的长链烷烃和有机酸,推测菌株 LKY－5 在降解 DBT 的过程中产生了生物表面活性剂,具体内容详见第 5 章。

3.3.4 LKY－5 对 DBT 的代谢途径研究

根据本书研究检测到的代谢产物及已报道的 DBT 代谢途径,推测 *Pseudomonas* sp. LKY－5 代谢 DBT 的途径如图 3-5 所示。从图 3-5 可以看出,LKY－5 对 DBT 的降解有两条可能的代谢途径。其中一条代谢途径为:DBT 首先在加氧酶的作用下生成 DBT 砜,然后打开噻吩环上的 C—S 键生成 2′-羟基联苯基-2-亚磺酸盐,接着脱掉磺酸基生成 2-羟基联苯,再脱掉羟基生成联苯,这个过程与 Akhtar 等[75]研究发现的脱硫途径一致。但是本书研究检测出有苯甲酸和邻苯二酚(儿茶酚)生成,结合 Fortin 等[76]、Pieper 等[77]和 Seah 等[78]的研究推测联苯可能被进一步降解。联苯在加氧酶、脱氢酶等酶系的作用下发生开环反应,生成 2-羟基-6-酮基-6-苯基-2,4-己二烯,随后水解生成苯甲醛,然后氧化生成苯甲酸,苯甲酸在双加氧酶的作用下生成邻苯二酚(儿茶酚),或者苯甲醛在单加氧酶作用下生成 2-羟基苯甲醛,随后氧化生成 2-羟基苯甲酸(水杨酸),接着生成邻苯二酚,最后生成 2-羟基己二烯半醛酸进入三羧酸循环,生成 CO_2 和 H_2O[79-80]。另一条代谢途径为:DBT 断裂一个苯环生成 3-羟基-2-甲酰基苯并噻吩(HFBT),HFBT 中甲酰

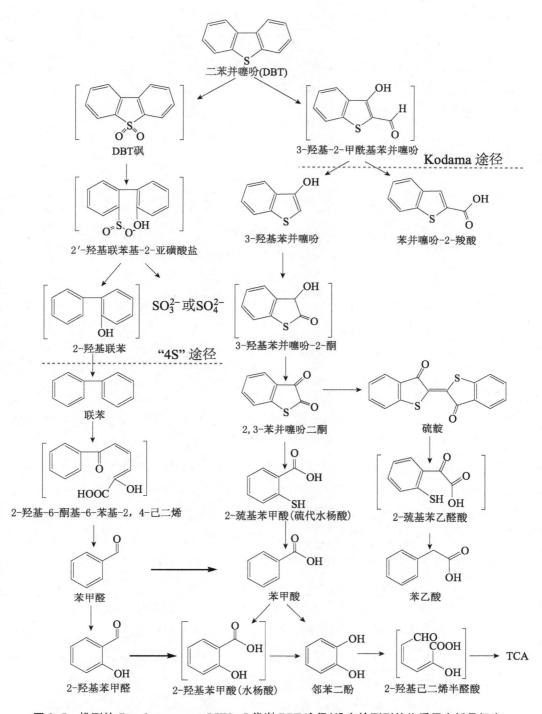

图 3‐5　推测的 *Pseudomonas* sp. LKY‐5 代谢 DBT 途径(没有检测到的物质用中括号标出,
虚线以上分别为已报道的"4S"途径和 Kodama 途径)

49

基一般不稳定,较易被氧化生成羧基,然后脱掉羧基生成3-羟基苯并噻吩,或脱掉羟基生成苯并噻吩-2-羧酸,接着生成2,3-苯并噻吩二酮,断裂噻吩环生成硫代水杨酸,随后生成苯甲酸,最后生成邻苯二酚进入三羧酸循环,或者两个2,3-苯并噻吩二酮生成硫靛,然后生成2-巯基苯乙醛酸,再生成苯乙酸。图3-5中的中括号里的物质在本实验中没有检测到,均在相关文献[75,81-84]中查出。

3.4　本章小结

本章在第2章的基础上,对已筛选得到的二苯并噻吩高效降解菌 *Pseudomonas* sp. LKY-5进行形态观察,考察不同初始DBT浓度下菌株LKY-5的降解特性,采用GC-MS方法对DBT的代谢中间产物进行分析和鉴定,并分析其代谢途径,得出以下结论:

(1)二苯并噻吩高效降解菌 *Pseudomonas* sp. LKY-5以杆菌形态存在,长度约为1.5 μm,宽度约为0.42 μm,在涂有DBT的LB固体培养基上有明显降解圈,经过LKY-5降解后的培养基呈现鲜艳的橘红色。

(2)不同初始DBT浓度(50~300 mg/L)的培养基经过24 h降解后的pH均迅速上升并稳定在8.5左右。菌株LKY-5能以DBT为生长的唯一碳源和能源,菌体生物量随着底物浓度的下降而上升。初始DBT浓度在50~200 mg/L范围内,24 h内有较为明显的降解,菌株生长直接进入对数期。初始DBT浓度为300 mg/L时,菌株生长有一定的延滞,312 h后的降解率为41.63%。

(3)菌株LKY-5降解DBT过程中产生了26种可基本确定的代谢产物。其中有苯甲醛、苯甲酸、邻苯二酚,这些产物与多环芳烃常见代谢产物相同。代谢产物中检测出水杨酸乙酯,没有检测出水杨酸,但发现有2-羟基苯甲醛存在,推测该代谢过程很可能有水杨酸产生。结合相关文献和本书研究检测出的长链烷烃、月桂酸、棕榈酸、硬脂酸以及棕榈酸甲酯、棕榈酸乙酯,推测 *Pseudomonas* sp. LKY-5在降解DBT的过程中产生了生物表面活性剂,具体内容详见第5章。

(4)根据本书研究中检测到的中间代谢产物,结合已报道的DBT代谢途径,推测 *Pseudomonas* sp. LKY-5有两条可能的代谢途径。其中一条代谢途径为:DBT首先在加氧酶的作用下生成DBT砜,然后打开噻吩环上的C—S键生成2'-羟基联苯基-2-亚磺酸盐,接着脱掉磺酸基、羟基生成联苯,再发生开环反应,生成2-羟基-6-酮基-6-苯基-2,4-己二烯,随后水解生成苯甲醛,接着氧化生成苯甲酸,苯甲酸在双加氧酶作用下生成邻苯二酚(儿茶酚),或者苯甲醛在单加氧酶作用下生成2-羟基苯甲醛,随后氧化生成2-羟基苯甲酸(水杨酸),接着生成邻苯二酚,最后生成2-羟基己二烯半醛酸进入三羧酸循环。另一条代谢途径为:DBT断裂一个苯环生成3-羟基-2-甲酰基苯并噻吩(HFBT),

HFBT 中甲酰基一般不稳定,较易被氧化生成羧基,然后脱掉羧基生成 3-羟基苯并噻吩,或脱掉羟基生成苯并噻吩-2-羧酸,接着生成 2,3-苯并噻吩二酮,断裂噻吩环生成硫代水杨酸,随后生成苯甲酸,最后生成邻苯二酚进入三羧酸循环,或者两个 2,3-苯并噻吩二酮生成硫靛,然后生成 2-巯基苯乙醛酸,再生成苯乙酸。

第4章 降解底物宽泛性研究及柴油的降解特性分析

石油是一种含有多种烃类及其他少量有机物的复杂混合物,除含硫杂环芳烃外还包括烷烃、多环芳烃、含氮杂环芳烃等化合物。在微生物降解过程中,不同降解菌对多组分底物中单一底物的利用情况不尽相同,且复杂的多底物混合态会影响降解菌的生理生态及其对混合组分中单一底物的利用情况,底物间相互抑制、相互诱导或共代谢是影响混合体系中不同底物生物降解的主要因素[85],所以在多底物条件下的微生物降解过程,往往和单一底物的降解有较大差别。在实际污染情况下,一般会有多种底物同时存在,能够利用和降解多种底物的降解菌在生物修复过程中具有重要地位。此外,无论是同一种原油的不同柴油馏分油,还是不同原油的同类柴油馏分油,其硫化物含量和硫化物分布都有所差异,而这种差异对微生物的降解性能有很大的影响。

因此,本章通过降解底物宽泛性研究,考察二苯并噻吩高效降解菌 *Pseudomonas* sp. LKY-5 对不同底物(正十六烷、菲、芘、咔唑)的降解能力,以及对上述底物分别和二苯并噻吩混合时的降解特性,分析降解菌对不同类型柴油(市售0号柴油和青岛炼化催化裂化柴油)中各种硫化物以及正构烷烃的降解情况,为降解菌 LKY-5 在实际混合污染体系中的应用提供理论基础。

4.1 实验材料

4.1.1 主要实验仪器及试剂

实验的主要仪器及试剂如表4-1所示。

表4-1 主要实验仪器与试剂

实验仪器与试剂	规格(型号)	生产厂家
实验室专用超纯水机	WP-RO-10(B)	四川沃特尔科技发展有限公司
全温振荡器	HZQ-QX	哈尔滨东联电子技术开发有限公司
立式压力灭菌器	LDZX-75KBS	上海申安医疗器械厂

（续表）

实验仪器与试剂	规格（型号）	生产厂家
生物净化工作台	BCM-100	苏州净化设备有限公司
电子分析天平	AL204	梅特勒-托利多仪器（上海）有限公司
电热恒温鼓风干燥箱	DHG-9240A	杭州蓝天化验仪器厂
气相色谱仪	Bruker 450	美国布鲁克公司
气相色谱仪	Varian 3800	美国瓦里安公司
气相色谱-质谱联用仪	Agilent 7890-5975C	美国安捷伦科技有限公司
高效液相色谱	Waters 2695	美国沃特世公司
S/N 微量分析仪	Multi EA 3100	德国耶拿分析仪器股份公司
紫外可见分光光度计	UV-6000PC	上海元析仪器有限公司
旋转蒸发器	RE 52-98	上海亚荣生化仪器厂
循环水式真空泵	SHZ-DCIA	上海予华仪器设备有限公司
Na_2HPO_4	AR	国药集团化学试剂有限公司
KH_2PO_4	AR	国药集团化学试剂有限公司
$NaNO_3$	AR	国药集团化学试剂有限公司
$MgSO_4$	AR	国药集团化学试剂有限公司
$CaCl_2$	AR	国药集团化学试剂有限公司
$FeSO_4 \cdot 7H_2O$	AR	国药集团化学试剂有限公司
酵母粉	生物试剂	国药集团化学试剂有限公司
蛋白胨	生物试剂	国药集团化学试剂有限公司
二苯并噻吩	纯度 98%	阿拉丁制药
菲	纯度 97%	阿拉丁制药
芘	纯度 97%	阿拉丁制药
正十六烷	AR,纯度 98%	阿拉丁制药
咔唑	纯度 96%	阿拉丁制药
正己烷	AR	国药集团化学试剂有限公司
乙酸乙酯	AR	西陇化工股份有限公司
丙酮	AR	国药集团化学试剂有限公司
乙腈	色谱纯	美国 J.T.Baker 公司
无水硫酸钠	AR	国药集团化学试剂有限公司
石油醚（30～60 ℃、60～90 ℃）	AR	国药集团化学试剂有限公司

4.1.2 培养基

无机盐培养基:Na_2HPO_4 0.6 g,KH_2PO_4 0.2 g,$NaNO_3$ 4.0 g,$CaCl_2$ 0.01 g,$FeSO_4$ 0.01 g,$MgSO_4$ 0.3 g,酵母粉 0.5 g,蒸馏水 1 000 mL,调节 pH 至 7.2~7.5。

4.1.3 菌源

所用菌源为第 2 章中筛选得到的 *Pseudomonas* sp. LKY - 5,菌密度为 2.9×10^8 CFU/mL。

4.1.4 柴油来源

本实验所用柴油为市售 0 号柴油(密度为 0.841 g/mL)和青岛炼化催化裂化柴油(密度为 0.946 8 g/mL)。

4.2 实验方法

4.2.1 单一底物和双底物的降解研究

配制初始浓度为 100 mg/L 的菲、芘、咔唑、DBT,以及 250 mg/L 的正十六烷的无机盐培养基,接种量为 10%,考察菌株 LKY - 5 对不同单一底物的利用情况。然后将 DBT 分别和上述底物复合,考察菌株 LKY - 5 的降解能力。

DBT 和正十六烷(萃取剂为正己烷)的浓度用 GC - 450 测定,具体方法详见 2.2.7 节。菲、芘和咔唑采用高效液相色谱 Waters 2695 测定,使用紫外检测器,Waters sunfire C18 反相色谱柱(柱长 150 mm,内径 4.6 mm,填料 5 μm),柱子恒温 25 ℃,于波长 254 nm 时检测物质的吸收峰,流动相 A 为含 0.5% 三氟乙酸的水,流动相 B 为含 0.5% 三氟乙酸的乙腈。采用梯度洗脱,程序设置见表 4 - 2。菲、芘和咔唑降解率计算参照 DBT 的计算方法。

表 4-2 梯度洗脱程序设置 1

时间/min	流量/(mL/min)	A/%	B/%
0	0.8	80	20
1	0.8	80	20
60	0.8	5	95
65	0.8	80	20

4.2.2　柴油降解率的计算

添加不同类型柴油 2 mL 于无机盐培养基中(培养基终体积为 30 mL),于温度 30 ℃、摇床转速 160 r/min、接种量 10%、培养时间 7 d 的条件下进行生物降解实验。配制浓度梯度为 10 mg/L、20 mg/L、30 mg/L、40 mg/L、50 mg/L、60 mg/L 0 号柴油的石油醚溶液,以及 1 mg/L、2.5 mg/L、5 mg/L、10 mg/L、15 mg/L 催化裂化柴油的石油醚溶液,使用紫外可见分光光度计 UV‑6000PC,以石油醚作为参比溶液,在波长 235 nm 处测量所配样品的吸光度,再以吸光度为纵坐标,样品的质量浓度为横坐标,进行线性回归,绘制标准曲线,如图 4-1 和图 4-2 所示。用 80 mL 石油醚(60～90 ℃)分 3 次对培养基中柴油(0号柴油、催化裂化柴油)进行萃取,合并萃取液,于 5 000 r/min、4 ℃条件下离心 10 min,取上清液移至容量瓶中,分别稀释 400 倍、2 500 倍后于波长 235 nm 处测量吸光度,根据标准曲线换算出柴油的质量浓度,根据公式(4-1)计算柴油的降解率。

$$\eta = \left(1 - \frac{N_1}{N_0}\right) \times 100\% \tag{4-1}$$

式中 η 为柴油降解率,N_1 为降解后柴油质量浓度,N_0 为空白样品中柴油质量浓度。

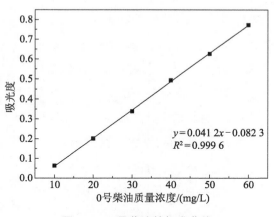

图 4-1　0 号柴油的标准曲线

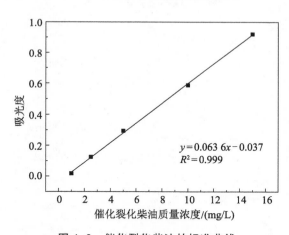

图 4-2　催化裂化柴油的标准曲线

4.2.3　柴油中硫类型分析

将空白对照和降解后的含油培养基用石油醚(30～60 ℃)进行振荡萃取,合并萃取液,于 5 000 r/min、4 ℃下离心 10 min,经无水硫酸钠脱水后,在 30 ℃下减压旋转蒸发至石油醚完全挥发后,移至色谱瓶中,采用美国 Varian 3800 气相色谱仪进行分析。检测器为脉冲式火焰光度检测器(PFPD),HP‑5NS 石英毛细管柱(30 m×0.320 mm×0.25

μm)，进样量 1 μL，分流比 30∶1，进样口温度 300 ℃，柱温 80 ℃保持 2 min，然后以 6 ℃/min升温至 280 ℃，用 He 作载气，流速 1 mL/min。根据实验室构建的数据库对柴油中硫类型进行定性分析，根据峰面积归一化法和柴油中总含硫量对不同类型的含硫化合物进行定量分析。柴油中总含硫量的测定采用 Multi EA 3100 S/N 微量分析仪。

4.2.4　柴油组分分析

采用 Agilent 7890-5975C 气相色谱-质谱联用仪对柴油中组分进行分析，毛细管柱为 HP-5MS(30 m×250 μm×0.25 μm)，进样量 1 μL，分流比 20∶1，隔垫吹扫流量 3 mL/min，进样口温度 280 ℃，柱温 50 ℃保持 2 min，然后以 10 ℃/min升温至 300 ℃，用 He 作载气，流速 1 mL/min，EM 电压 1 976 V，溶剂延迟 3.25 min，质量扫描范围(m/z) 30～600，MS 离子源温度 230 ℃，四级杆温度 150 ℃。

4.3　实验结果与讨论

4.3.1　单一底物的降解研究

在石油污染土壤生物修复中，理想的降解菌应该具有宽泛的底物降解能力。在无机盐培养基中分别加入正十六烷(终浓度为 250 mg/L)，以及菲、芘、咔唑(终浓度均为 100 mg/L)，8 d 后考察二苯并噻吩高效降解菌 LKY-5 对不同底物的降解情况，结果如图4-3 所示。从图 4-3 可以看出，*Pseudomonas* sp. LKY-5 对正十六烷、菲、芘和咔唑均有降解效果，降解能力顺序为正十六烷＞菲＞咔唑＞芘，其中芘的降解率最低，仅为 26.16%，原因可能是随着苯环数的增多，底物毒性增强，空间位阻增大和疏水性增强，不利于生物降解，或者芘在代谢过程中产生了毒性代谢物，抑制了降解菌的生物活性。

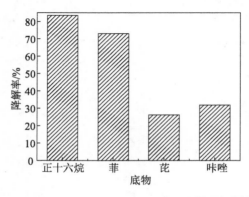

图4-3　*Pseudomonas* sp. LKY-5 对不同单一底物的降解

4.3.2　双底物的降解研究

在单一和复合底物条件下,降解菌株对同一种类、同一浓度的底物降解能力不同[86]。降解菌 LKY‒5 对单一 DBT,以及 DBT 分别与不同底物(正十六烷、菲、芘、咔唑)复合时 DBT 的降解能力如图 4‒4 所示。从图 4‒4 中可以看出,当正十六烷或菲存在时,DBT 的降解率较 DBT 单独存在时的降解率要高,表明双底物体系中,正十六烷或菲对 DBT 的降解呈促进型机制。原因可能是正十六烷或菲作为容易代谢的底物先被降解,使得菌体生物量增加,减少了 DBT 对菌体的毒害作用,或者在代谢过程中产生的酶系促进了 DBT 的降解。当有芘存在时,菌株对 DBT 的降解率有所下降,原因可能是芘是含四个苯环的芳烃化合物,毒性大于 DBT,对降解菌 LKY‒5 的生长有抑制作用。当咔唑和 DBT 复合时,DBT 降解率明显降低,推测可能是咔唑的结构和 DBT 类似,当咔唑存在时,占用了 DBT 降解酶活性位点,产生底物间竞争抑制。

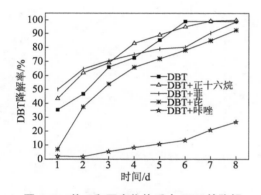

图 4-4　单一和双底物体系中 DBT 的降解

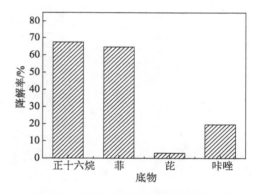

图 4-5　双底物体系中不同底物的降解

当 DBT 分别与不同底物(正十六烷、菲、芘、咔唑)复合时,上述底物的降解情况如图 4‒5 所示。从图 4‒5 中可以看出,在双底物体系中,正十六烷、菲、芘和咔唑的降解率比单一体系的降解率有所降低(图 4‒5 与图 4‒3 对比),说明两种底物之间存在底物竞争作用,DBT 的存在抑制了降解菌对上述底物的降解。

4.3.3　柴油中不同含硫化合物的降解研究

不同来源及加工工艺对柴油中各种硫化物的类型分布有很大影响。另外,当油品中的总含硫量发生变化时,硫化物的分布与组成也随之变化[87-88]。本实验采用气相色谱-脉冲式火焰光度检测器(GC-PFPD)对市售 0 号柴油及青岛炼化催化裂化柴油中的硫化物及其形态进行了分析,结果如图 4‒6 与图 4‒7 所示。从图 4‒6 中可以看出,市售 0 号柴油中含硫化合物组成相对简单，用 C_n - DBT 表示（n 表示取代烷基碳数），主要为烷基二苯并噻吩（C_n-DBT）、4,6 -二甲基二苯并噻吩（4,6-DMDBT）、2,4,6 -三甲基二苯并噻吩（2,4,6-TMDBT），以及元素硫等。

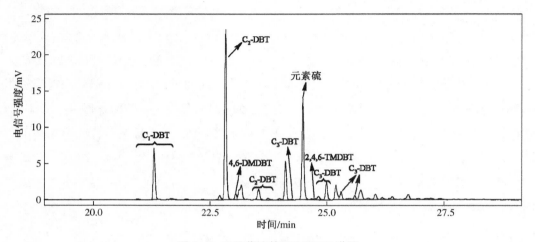

图 4-6 0 号柴油的 GC-PFPD 谱图

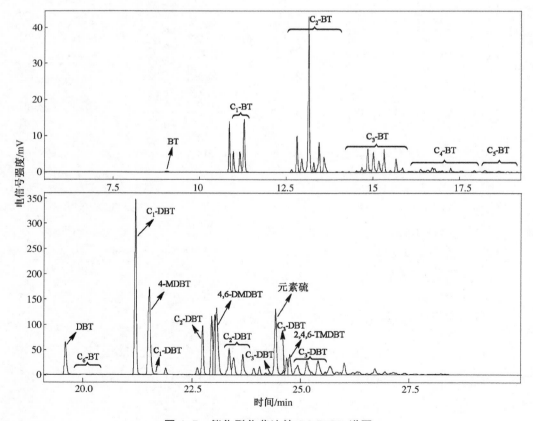

图 4-7 催化裂化柴油的 GC-PFPD 谱图

从图 4-7 中可以看出,青岛炼化催化裂化柴油中含硫化合物主要由苯并噻吩(BT)、烷基苯并噻吩(C_n-BT)、二苯并噻吩(DBT)、烷基二苯并噻吩(C_n-DBT)、4-甲基二苯并噻吩(4-MDBT)、4,6-二甲基二苯并噻吩(4,6-DMDBT)、2,4,6-三甲基二苯并噻吩(2,4,6-TMDBT),以及元素硫组成。由此可以看出,不管是在低硫柴油(市售 0 号柴油)还是高硫柴油(青岛炼化催化裂化柴油)中,含量最多的硫化物是二苯并噻吩类化合物(DBTs)。

二苯并噻吩高效降解菌 *Pseudomonas* sp. LKY-5 对柴油中含硫化合物的降解性能如表 4-3 所示。从表 4-3 中可以看出,降解菌 LKY-5 对市售 0 号柴油和青岛炼化催化裂化柴油中硫化物均有降解效果,催化裂化柴油中总硫的降解率高于 0 号柴油,原因可能是催化裂化柴油中苯并噻吩类化合物(BTs)和 DBTs 浓度较高,更容易被降解菌 LKY-5 利用。0 号柴油中硫化物组成相对简单,为难以加氢脱除的硫化物,LKY-5 对这些硫化物的降解率在 28.15%~42.32% 之间,其中 C_1-DBT 降解率最高。青岛炼化催化裂化柴油中含硫化合物组成相对复杂,降解菌均能利用这些硫化物生长,降解率在 16.69%~100% 之间,其中 DBT 降解率为 35.48%,较相同浓度单独存在时有所下降,可能是因为有其他硫化物的存在,产生了底物竞争抑制。一般来讲,二苯并噻吩烷基取代基的类型和位置不同,影响了降解菌对其的利用能力,烷基取代基越多,降解越困难。但表 4-3 中 DBTs降解率并没有随着烷基取代基的数量增多而下降,原因可能是各组分初始浓度不同。

表 4-3　柴油中不同类型硫化物的降解

硫类型	0 号柴油			催化裂化柴油		
	空白对照/(mg/L)	降解后/(mg/L)	降解率/%	空白对照/(mg/L)	降解后/(mg/L)	降解率/%
总硫	211.6	151.6	28.35	7 560	4 940	34.66
BT	—	—	—	15.88	0	100
C_1-BT	—	—	—	207.22	63.29	69.46
C_2-BT	—	—	—	399.67	301.41	24.58
C_3-BT	—	—	—	327.24	272.61	16.69
C_4-BT	—	—	—	209.05	159.85	23.53
C_5-BT	—	—	—	53.87	32.37	39.91
C_6-BT	—	—	—	10.39	0	100
DBT	—	—	—	211.28	136.30	35.48
4-MDBT	—	—	—	379.82	244.54	35.62
C_1-DBT	22.73	13.11	42.32	461.68	309.55	32.95
4,6-DMDBT	5.08	3.65	28.15	319.89	219.33	31.44
C_2-DBT	39.43	26.34	33.19	774.51	524.25	32.31

（续表）

硫类型	0 号柴油			催化裂化柴油		
	空白对照 /(mg/L)	降解后 /(mg/L)	降解率 /%	空白对照 /(mg/L)	降解后 /(mg/L)	降解率 /%
元素硫	22.54	15.20	32.56	324.34	214.23	33.95
2,4,6-TMDBT	2.48	1.70	31.45	175.58	115.93	33.97
C_3-DBT	28.68	20.08	29.98	530.86	355.15	33.10

4.3.4　柴油中正构烷烃的降解研究

　　柴油是由脂肪族烃、多环烃和芳香烃等多种成分组成的混合物，其组分构成取决于原油来源和分馏方式等。柴油组分可划分为烷烃类、单芳香烃和多环芳香烃，其中正构烷烃占有很大的比例。市售 0 号柴油及青岛炼化催化裂化柴油的 GC-MS 总离子流色谱图如图 4-8(a)和图 4-9(a)所示，经过 NIST 质谱谱库系统检索与人工谱图检索，对油品中丰

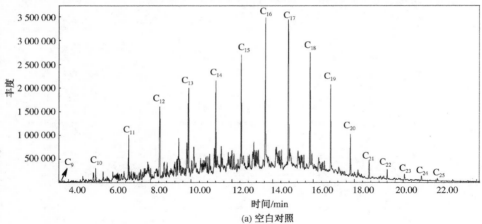

(a) 空白对照

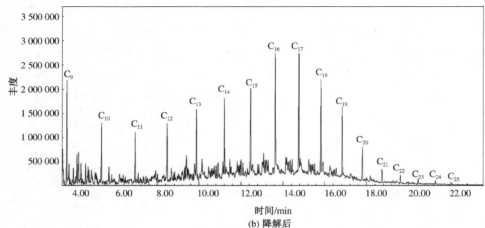

(b) 降解后

图 4-8　0 号柴油 GC-MS 总离子流色谱图

度较大的组分进行了定性分析。市售 0 号柴油的组分主要为 $C_9 \sim C_{25}$ 正构烷烃(相对含量为 44.78%),它们在石油烃中所占的比重呈钟形分布,其中 C_{16} 和 C_{17} 共同成为钟形的顶点。催化裂化柴油的组分主要为 $C_9 \sim C_{21}$(除 C_{19} 外)正构烷烃(相对含量为 12.53%)和萘的烷基衍生物(相对含量为 43.42%)。蒂索等[89]认为通过裂解原油分馏得到的柴油组分中萘系列的分子大部分是由甾类、萜类化合物裂解形成的。

　　经过 7 d 的生物降解,市售 0 号柴油及青岛炼化催化裂化柴油中主要组分都有所降解,结果见图 4-8(b)和图 4-9(b)。从图 4-8(b)和图 4-9(b)中可以看出,0 号柴油中 $C_{12} \sim C_{20}$ 组分和催化裂化柴油中萘的烷基系列化合物的丰度有明显的降低,说明菌株 LKY-5 能够利用这些组分作为碳源和能源进行生长。

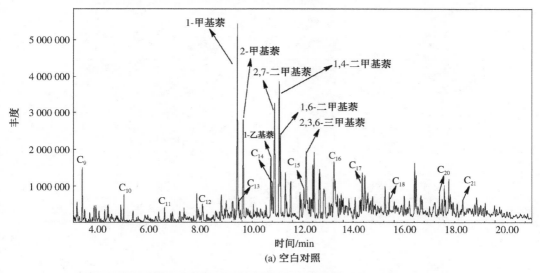

(a) 空白对照

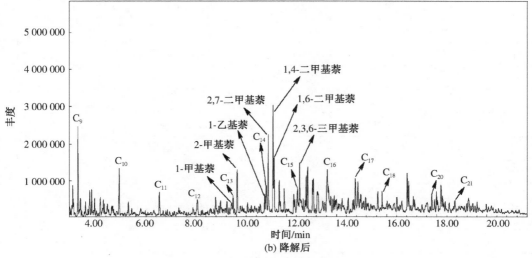

(b) 降解后

图 4-9　催化裂化柴油 GC-MS 总离子流色谱图

根据峰面积归一化法，以及 0 号柴油和催化裂化柴油空白对照和降解后浓度变化，对油品中正构烷烃进行定量分析，结果如表 4-4 所示。从表 4-4 中可以看出，0 号柴油和催化裂化柴油浓度经过降解后有明显的降低，说明降解菌 LKY-5 对该两种类型柴油均有降解能力。其中，0 号柴油 C_{11}~C_{25} 降解后浓度均有不同程度的减少，C_9 和 C_{10} 降解后浓度没有下降反而明显上升，说明其他烷烃的分解产物可能是这些物质，如异构烷烃或环烷烃经过碳键的断裂会产生这些正构烷烃。催化裂化柴油中除了 C_{20} 和 C_{21} 有降解效果外，C_9~C_{18} 浓度均有不同程度的上升，说明其他组分的降解可以产生这些烷烃。萘的烷基系列化合物的降解率为 22.75%（表 4-4 未给出），明显高于正构烷烃。Woolfenden 等[90]也研究发现柴油中萘化合物相对于烷烃更容易被生物降解，降解速度为甲基萘>双甲基萘>三甲基萘>四甲基萘。

表 4-4　0 号柴油和催化裂化柴油空白对照和降解后浓度变化　　　单位：mg/L

正构烷烃	0 号柴油		催化裂化柴油	
	空白对照	降解后	空白对照	降解后
柴油浓度	49 226	36 788	73 933	62 533
C_9	33.56	1 596.78	840.45	1 850.22
C_{10}	271.12	1 009.06	473.90	1 084.34
C_{11}	934.83	873.88	258.98	562.71
C_{12}	1 773.78	1 200.29	568.75	654.48
C_{13}	1 787.77	1 229.96	433.42	513.79
C_{14}	2 120.22	1 459.24	989.00	1 024.80
C_{15}	2 664.26	2 016.53	1 087.75	1 133.85
C_{16}	3 210.82	2 658.59	1 862.05	1 877.11
C_{17}	2 987.46	2 471.37	1 137.70	1 176.82
C_{18}	2 719.15	1 902.60	551.29	570.23
C_{19}	1 751.56	1 235.41	—	—
C_{20}	926.62	611.92	524.23	450.50
C_{21}	380.78	269.84	534.25	521.00
C_{22}	213.86	183.56	—	—
C_{23}	140.25	104.81	—	—
C_{24}	97.58	78.51	—	—
C_{25}	63.37	33.74	—	—

4.4　本章小结

本章考察了二苯并噻吩高效降解菌 *Pseudomonas* sp. LKY-5 在单一底物和双底物体系中的降解特性,并分析了市售 0 号柴油和青岛炼化催化裂化柴油中不同含硫化合物及正构烷烃的降解情况,得出以下结论:

(1) 在单一底物体系中,*Pseudomonas* sp. LKY-5 对正十六烷、菲、芘和咔唑均有降解效果,降解能力为正十六烷>菲>咔唑>芘。当 DBT 分别与正十六烷、菲、芘、咔唑复合时,正十六烷或菲对 DBT 的降解有促进作用,芘或咔唑呈抑制作用,其中咔唑的抑制作用最为明显。同时,DBT 的存在抑制了降解菌对正十六烷、菲、芘和咔唑的降解,降解率均较单一体系时低。

(2) 市售 0 号柴油中含硫化合物组成相对简单,主要为烷基二苯并噻吩、4,6-二甲基二苯并噻吩、2,4,6-三甲基二苯并噻吩以及元素硫等。青岛炼化催化裂化柴油中含硫化合物除了上述硫化物之外,还有苯并噻吩、烷基苯并噻吩、二苯并噻吩、4-甲基二苯并噻吩等。不管是在低硫柴油(0 号柴油)还是高硫柴油(青岛炼化催化裂化柴油)中,含量最多的含硫杂环芳烃类化合物是二苯并噻吩类化合物。

(3) 降解菌 LKY-5 对市售 0 号柴油和青岛炼化催化裂化柴油中硫化物均有不同程度的降解,催化裂化柴油中总硫的降解率高于 0 号柴油。LKY-5 对 0 号柴油中硫化物的降解率为 28.15%~42.32%,其中 C_1-DBT 降解率最高。青岛炼化催化裂化柴油中含硫化合物的降解率为 16.69%~100%,其中 BT 和 C_6-BT 降解率最高,都为 100%,DBT 降解率为 35.48%,较相同浓度单独存在时有所下降。

(4) 市售 0 号柴油的组分主要为 C_9~C_{25} 正构烷烃,催化裂化柴油的组分主要为 C_9~C_{21}(除 C_{19} 外)正构烷烃和萘的烷基衍生物。降解菌 LKY-5 对 0 号柴油中 C_{11}~C_{25} 均有不同程度的降解,C_9 和 C_{10} 降解后浓度明显上升,说明其他烷烃的分解可能产生了这些物质。催化裂化柴油中除了 C_{20} 和 C_{21} 有降解效果外,C_9~C_{18} 浓度同样出现了不同程度的上升,其中萘的烷基系列化合物的降解率明显高于正构烷烃。

第 5 章　*Pseudomonas* sp. LKY‑5 产生的表面活性剂提取及其特性研究

近年来,随着国内高硫原油进口量的迅速增长,不可避免地在运输、储存以及加工过程中对土壤、地下水和海洋环境造成严重污染。二苯并噻吩是一种具有综合多芳香环结构的含硫杂环化合物,是高硫原油的重要组成成分,具有致癌性和生物富集性,难以被微生物降解。二苯并噻吩的生物可利用性低是限制其微生物降解的主要因素,表面活性剂可以增强其在水相基质中的溶解,强化与微生物间的质量传递。生物表面活性剂是细菌、酵母菌和真菌在代谢过程中分泌的次级代谢产物,如糖脂、多糖脂、脂肽、脂蛋白以及中性类脂衍生物等。与化学表面活性剂相比,生物表面活性剂具有低毒、选择性好、可原位生长和环境友好等优点,因而非常适合应用在环境污染治理领域。利用表面活性剂产生菌或生物表面活性剂强化去除难降解污染物已成为研究热点。Pedetta 等[91]利用产生表面活性剂的假单胞菌来提高菲的生物可利用性,在 72～168 h 后其对菲的降解率为 75%～100%。Singh 等[72]通过研究发现生物表面活性剂的浓度和咔唑的降解速率呈正相关。

因此,本章针对 *Pseudomonas* sp. LKY‑5 在降解过程中产生表面活性剂的现象,进行碳源优化,对产生的表面活性剂进行提取、分离和鉴定,分析其理化性质,研究温度、pH、无机离子对该表面活性剂稳定性的影响,为利用生物表面活性剂产生菌强化石油污染土壤生物修复提供理论基础。

5.1　实验材料

5.1.1　主要实验仪器及试剂

实验的主要仪器及试剂如表 5-1 所示。

表 5-1　主要实验仪器与试剂

实验仪器与试剂	规格(型号)	生产厂家
高速冷冻离心机	Allegra 25R	美国贝克曼库尔特有限公司
全温振荡器	HZQ-QX	哈尔滨东联电子技术开发有限公司

（续表）

实验仪器与试剂	规格（型号）	生产厂家
立式压力灭菌器	LDZX-75KBS	上海申安医疗器械厂
生物净化工作台	BCM-100	苏州净化设备有限公司
电子分析天平	AL204	梅特勒-托利多仪器（上海）有限公司
电热恒温鼓风干燥箱	DHG-9240A	杭州蓝天化验仪器厂
表面张力仪	Easydyne	德国克吕士（Kruss）公司
液相色谱-质谱联用仪	LTQ XL	美国赛默飞世尔（Thermo Fisher）公司
冷冻干燥机	ALPHA 1-2 LD plus	德国科瑞斯（Christ）公司
旋转蒸发器	RE 52-98	上海亚荣生化仪器厂
循环水式真空泵	SHZ-DCIA	上海予华仪器设备有限公司
Na_2HPO_4	AR	国药集团化学试剂有限公司
KH_2PO_4	AR	国药集团化学试剂有限公司
$NaNO_3$	AR	国药集团化学试剂有限公司
$MgSO_4$	AR	国药集团化学试剂有限公司
$CaCl_2$	AR	国药集团化学试剂有限公司
$FeSO_4 \cdot 7H_2O$	AR	国药集团化学试剂有限公司
酵母粉	生物试剂	国药集团化学试剂有限公司
蛋白胨	生物试剂	国药集团化学试剂有限公司
二苯并噻吩	纯度 98%	阿拉丁制药
薄层层析硅胶（GF254）	CR	青岛海洋化工有限公司
羧甲基纤维素钠	CR	国药集团化学试剂有限公司
液体石蜡	AR	国药集团化学试剂有限公司
三氯甲烷	AR	国药集团化学试剂有限公司
甲醇	AR	国药集团化学试剂有限公司
乙酸	AR	国药集团化学试剂有限公司
十二烷基硫酸钠	AR	国药集团化学试剂有限公司
乙酸乙酯	AR	西陇化工股份有限公司
丙酮	AR	国药集团化学试剂有限公司
正十六烷	AR	国药集团化学试剂有限公司

5.1.2 培养基

无机盐培养基:Na_2HPO_4 0.6 g,KH_2PO_4 0.2 g,$NaNO_3$ 4.0 g,$CaCl_2$ 0.01 g,$FeSO_4$ 0.01 g,$MgSO_4$ 0.3 g,酵母粉 0.5 g,蒸馏水 1 000 mL,调节 pH 至 7.2~7.5。

发酵培养基:在无机盐培养基中,加入不同碳源(甘油、花生油、液体石蜡等)。其中花生油为市售食用油,呈淡黄透明状,密度 0.908 g/cm^3(30 ℃),运动黏度 82.56 mm^2/s(20 ℃),含不饱和脂肪酸(80%),以及软脂酸、硬脂酸和花生酸等饱和脂肪酸(20%)。

5.1.3 菌源

所用菌源为第 2 章中筛选得到的 *Pseudomonas* sp. LKY‐5,菌密度为 2.9×10^8 CFU/mL。

5.2 实验方法

5.2.1 碳源优化

分别在 100 mL 无机盐培养基中接种 2 mL 的甘油、0 号柴油、液体石蜡、正十六烷、花生油、20 g/L 葡萄糖、100 mg/L DBT 作为碳源,于摇床转速 160 r/min、30 ℃条件下培养72 h 后,在室温下采用表面张力仪测定发酵液的表面张力。

5.2.2 生物表面活性剂的提取、分离及薄层色谱(TLC)分析

将培养 72 h 的发酵液在 8 000 r/min、4 ℃下离心 20 min,上清液用 6 mol/L 的盐酸调节 pH 至 2.0,放入 4 ℃冰箱中过夜。加入氯仿(与发酵液等体积)和甲醇混合液(体积比 2∶1)萃取两次,合并有机相,用无水 Na_2SO_4 干燥后,在 40 ℃下减压蒸馏除去有机溶剂得浅黄色浆状物,在冷阱温度 −54 ℃、压强为 5~10 Pa 条件下冷冻干燥得表面活性剂粗产物。

取 0.1 g 粗产物溶于 1 mL 氯仿中,点样于硅胶 G 板进行 TLC 分析,样品展开后,喷洒显色剂于 100 ℃下加热 3~6 min。展开剂为氯仿/甲醇/乙酸(体积比 95∶4∶0.5),显色剂为 α‐萘酚试剂(1.59 g α‐萘酚溶于 51 mL 无水乙醇和 4.6 mL 18 mol/L H_2SO_4 中)。

5.2.3 生物表面活性剂的鉴定

采用高效液相色谱‐电喷雾串联质谱(HPLC‐ESI‐MS/MS)对降解菌 LKY‐5 产生的表面活性剂组分进行鉴定,Thermo Hypersil Gold 色谱柱(柱长 100 mm,内径 2.1 mm,填

料 5 μm),柱子恒温 30 ℃,进样量 1 μL,不分流,流动相 A 为水,流动相 B 为甲醇,采用梯度洗脱,程序设置见表 5-2。雾化气和干燥气都为 N_2,质量扫描质荷比范围(m/z) $100\sim$ $1\,500$,采用 Auto MS/MS 进行二次分析。

表 5-2　梯度洗脱程序设置 2

时间/min	流量/(mL/min)	A/%	B/%
0	0.2	20	80
10	0.2	0	100
18	0.2	0	100
19	0.2	20	80
25	0.2	20	80

5.2.4　生物表面活性剂的理化性质分析

5.2.4.1　临界胶束浓度的测定

配制不同浓度(20 mg/L、40 mg/L、60 mg/L、80 mg/L、100 mg/L、120 mg/L、160 mg/L、180 mg/L、200 mg/L、300 mg/L、400 mg/L)生物表面活性剂的水溶液,采用表面张力仪测定其表面张力,作图求得临界胶束浓度。同一浓度平行测定 3 次,取其平均值。

5.2.4.2　亲水亲油平衡值

亲水亲油平衡值(HLB)采用水数法测定[92-93]。

5.2.4.3　乳化性能

取带刻度的试管加入 5 mL 柴油(或液体石蜡)和 5 mL 1 000 mg/L 的表面活性剂溶液,用涡旋振荡器振荡试管 2 min,静置不同的时间,以乳化相的体积与总体积之比表示乳化能力(用百分数表示)。同时对 1 000 mg/L 的阴离子表面活性剂十二烷基硫酸钠(SDS)作相同处理,比较不同表面活性剂对柴油(或液体石蜡)的乳化能力。

5.2.5　生物表面活性剂的稳定性研究

5.2.5.1　耐温性能考察

配制 200 mg/L 的生物表面活性剂水溶液,在不同的温度下加热 1 h,冷至 30 ℃后测其表面张力。每组实验均设 3 个平行样品,取其平均值。

5.2.5.2　耐酸碱性能考察

配制 200 mg/L 的生物表面活性剂水溶液,用 6 mol/L 的 HCl 或 NaOH 溶液调节至不同的 pH，放置 24 h 后测其表面张力。每组实验均设 3 个平行样品，取其平均值。

5.2.5.3　耐盐性能考察

配制 200 mg/L 的生物表面活性剂水溶液，加入不同浓度的 NaCl、$CaCl_2$、$MgCl_2$，放置 24 h 后测其表面张力。每组实验均设 3 个平行样品，取其平均值。

5.3　实验结果与讨论

5.3.1　碳源优化

碳源是菌株生长和合成表面活性剂的能量来源，对生物表面活性剂的产量和特性有重要影响。不同碳源对 *Pseudomonas* sp. LKY - 5 产生表面活性剂的影响如图 5-1 所示。从图 5-1 中可以看出，甘油、液体石蜡、正十六烷、葡萄糖、DBT 为碳源时，发酵液的表面张力降低不明显，均在 50 mN/m 以上。柴油和花生油作为碳源时，发酵液表面张力明显降低，尤其是花生油作为碳源时，发酵液的表面张力能够降至 28.9 mN/m，有利于生物表面活性剂的产生。原因可能是油性基质相比于水溶性基质更能诱导微生物产生表面活性剂，而葡萄糖的分解代谢物会遏制某些适应性酶的合成。

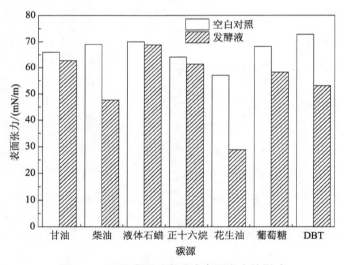

图 5-1　不同碳源对发酵液表面张力的影响

5.3.2　生物表面活性剂的化学组分分析及鉴定

氯仿提取的粗产物以氯仿/甲醇/乙酸(体积比 95：4：0.5)为展开剂在硅胶 G 板上展开后，显色反应表明在比移值 R_f = 0.56 处出现淡橙黄色的斑点，对鼠李糖脂显色剂(α -

萘酚试剂)呈正反应,结果如图 5-2 所示。从图 5-2 中可以看出,前三个鼠李糖脂的纯品点(A)和后三个样品点(B)的 R_f 值相同,并同时对萘酚试剂有显色反应,进一步结合相关文献[72, 94-95],初步将 *Pseudomonas* sp. LKY-5 产生的表面活性剂定性为鼠李糖脂。

假单胞菌 LKY-5 所产鼠李糖脂的 HPLC-ESI-MS/MS 分析的提取离子流色谱图如图 5-3 所示。从图 5-3 中可以看出,在保留时间为 10.9 min 出现相对丰度较强的色谱峰。

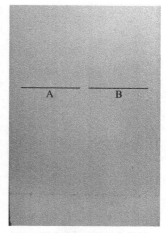

A—鼠李糖脂纯品;B—样品

图 5-2　菌株 LKY-5 产生表面活性剂的薄层层析

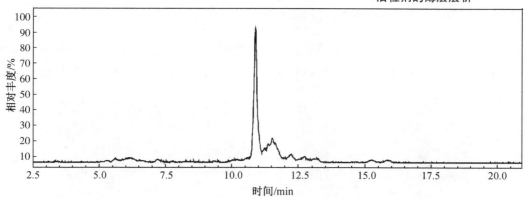

图 5-3　假单胞菌 LKY-5 所产鼠李糖脂的 HPLC-ESI-MS/MS 分析的提取离子流色谱图

保留时间为 10.9 min 组分的 MS/MS 谱图和化学结构如图 5-4 所示。其中,质荷比为 593.5 的离子为分子离子峰,质荷比为 283.3 的离子可能是由 593.5 丢失一个双鼠李糖脂分子(309.3)产生的。结合 Nitschke 等[96]、Mulligan[97] 和 Amani 等[98]关于鼠李糖脂的脂肪酸碳链长度一般为 $C_8 \sim C_{12}$,少数情况下会有 C_{14},而且多数包含两个长度相同的脂肪酸链的报道,分析得出该组分的化学结构为 2-O-α-L-鼠李糖苷-α-L-吡喃鼠李糖苷-β-羟基辛酰-β-羟基辛烯酸酯,表达式为 Rha-Rha-C_8-$C_{8:1}$(Rha 表示一个鼠李糖分子,C_n 表示一个碳链长度为 n 的烷基脂肪酸分子,$C_{n:1}$ 表示一个碳链长度为 n 的含一个不饱和键的烷基脂肪酸分子)。另外,经 HPLC-ESI-MS/MS 分析发现除该鼠李糖脂组分外,该表面活性剂还包含少量的游离脂肪酸(C_{18}、$C_{18:1}$、C_{19}、$C_{19:1}$、$C_{20:1}$、C_{20})。

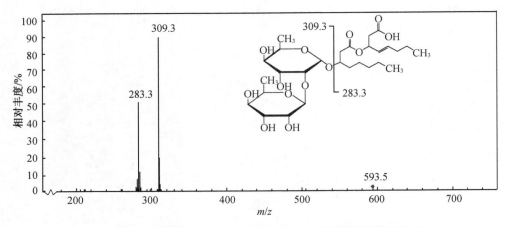

图 5-4 保留时间为 10.9 min 组分的 MS/MS 谱图和化学结构式

5.3.3 生物表面活性剂的理化性质分析

经过提取、分离和冷冻干燥,获得表面活性剂粗产物为淡黄白色固体粉末,如图 5-5(a)所示,产量为 0.15 g/L,图 5-5(b)为固体粉末溶于水后的形态,有明显起泡现象。

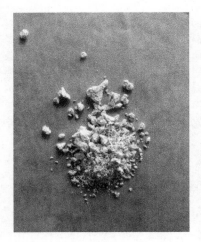

（a）固体粉末　　　　　　　　　　　　（b）水溶液

图 5-5 菌株 LKY - 5 产生的表面活性剂

临界胶束浓度(CMC)为表面活性剂表面活性的一种量度,该值越小表示此种表面活性剂形成胶团所需浓度越低。不同浓度表面活性剂的表面张力变化曲线如图 5-6 所示,从图 5-6 中可以看出随着表面活性剂浓度的增加,溶液的表面张力迅速降低,但随着表面活性剂浓度的进一步增加,溶液的表面张力趋于稳定值 28.9 mN/m,经作图求得 CMC 为 180 mg/L,远低于十二烷基硫酸钠的 CMC(2 200 mg/L)。一般认为,CMC 随着疏水烷基的碳数增多而降低,随着疏水烷基不饱和键的增多而增大,这可能与形成胶束分子的空间排列方式不同有关。

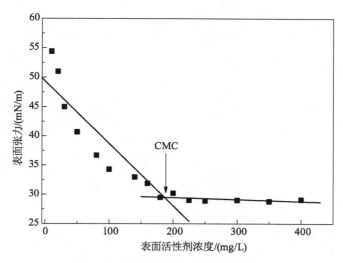

图 5-6　不同浓度表面活性剂的表面张力

一般认为 HLB 值在 8～18 范围内的表面活性剂可以作为乳化增溶剂。HLB 值越大则表面活性剂亲水性越强,越小则亲油性越强。经测定该生物表面活性剂的 HLB 值为 12.3,表明其可以对疏水性物质起到增溶作用。乳化性能是表面活性剂的另一个重要指标。表 5-3 给出了 1 000 mg/L 的该表面活性剂溶液对液体石蜡和柴油的乳化能力,同时以相同浓度的 SDS 水溶液作为对照。从表 5-3 中可以看出,该表面活性剂溶液对柴油和液体石蜡的乳化能力较 SDS 水溶液差,对柴油的乳化能力则优于液体石蜡,对柴油 24 h 的乳化能力达到 61%,120 h 后还可以保持在 56%,乳化能力相对较为稳定。

表 5-3　假单胞菌 LKY - 5 产生的表面活性剂的乳化能力

测试对象	该表面活性剂的乳化能力		SDS 水溶液的乳化能力	
	24 h	120 h	24 h	120 h
液体石蜡	35%	21%	62%	62%
柴油	61%	56%	65%	63%

5.3.4　生物表面活性剂的稳定性研究

5.3.4.1　温度对表面活性剂稳定性的影响

温度对表面活性剂稳定性的影响如图 5-7 所示。从图 5-7 中可以看出,经过 30～80 ℃ 的热处理后表面活性剂的表面张力没有明显变化。*Pseudomonas* sp. LKY - 5 产生的表面活性剂能够耐受 80 ℃高温 1 h 而不失活,说明其对高温具有较强的耐受性,即有良好的温度稳定性。

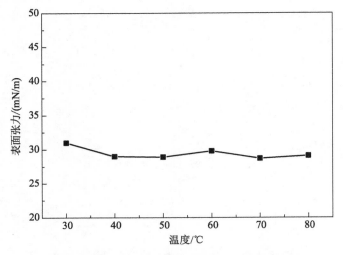

图 5-7 温度对生物表面活性剂稳定性的影响

5.3.4.2 pH 对表面活性剂稳定性的影响

图 5-8 表示不同 pH 对表面活性剂稳定性的影响。从图 5-8 中可以看出,表面活性剂溶液的表面张力受 pH 影响较大。当 pH<6 时,表面活性剂溶液浑浊而不稳定,表面张力随着 pH 的降低而迅速增大;当 6<pH<13 时,表面张力变化不大,基本维持在 30 mN/m 左右。这表明该表面活性剂在 pH 为 6~13 范围内能保持很好的表面活性,而酸性环境不利于其表面活性的稳定。

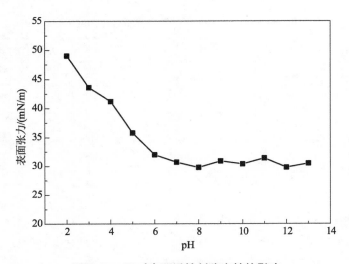

图 5-8 pH 对表面活性剂稳定性的影响

5.3.4.3　无机离子对表面活性剂稳定性的影响

不同浓度的 NaCl、CaCl$_2$、MgCl$_2$ 对该生物表面活性剂活性的影响见图 5-9。结果表明，NaCl、MgCl$_2$ 在 10～200 g/L 范围内对表面活性剂表面张力的影响较小，表面张力基本稳定在 30 mN/m。当添加 20 g/L 以下的 CaCl$_2$ 时，表面张力可以保持在 35 mN/m 左右，但随着 CaCl$_2$ 浓度的继续增加，该表面活性剂溶液的表面张力有明显的上升。与梁生康对铜绿假单胞菌 O－2－2 产生的鼠李糖脂溶液研究（可耐受 60 g/L 的 NaCl，5 g/L 的 MgCl$_2$ 以及 2 g/L 的 CaCl$_2$）相比，该表面活性剂对盐离子的稳定性能较好。这可能是因为不同菌株产生的鼠李糖脂的组分不完全一样，所以对盐离子的适应程度不同。

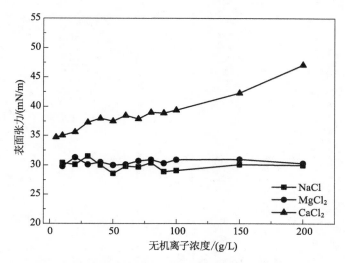

图 5-9　无机离子对生物表面活性剂稳定性的影响

5.4　本章小结

本章针对 *Pseudomonas* sp. LKY－5 在降解 DBT 过程中产生表面活性剂的现象，进行碳源优化，提取、分离和鉴定其产生的表面活性剂，分析该表面活性剂的理化性质及稳定性能，得出以下结论：

（1）花生油为 *Pseudomonas* sp. LKY－5 产生表面活性剂的最佳碳源，可以将发酵液表面张力降至 28.9 mN/m，表面活性剂的产量为 0.15 g/L。

（2）经 HPLC-ESI-MS/MS 分析得出该表面活性剂的主要组分为鼠李糖脂，化学结构为 2-O-α-L-鼠李糖苷-α-L-吡喃鼠李糖苷-β-羟基辛酰-β-羟基辛烯酸酯，表达式为 Rha-Rha-C$_8$-C$_{8:1}$。另外，还包含少量的游离脂肪酸（C$_{18}$、C$_{18:1}$、C$_{19}$、C$_{19:1}$、C$_{20:1}$、C$_{20}$）。

（3）该表面活性剂的临界胶束浓度为 180 mg/L，亲水亲油平衡值为 12.3。乳化性能相比十二烷基硫酸钠较差,对柴油的乳化能力优于液体石蜡,对柴油 24 h 的乳化能力可以达到 61%,120 h 后仍可保持在 56%。

(4)该表面活性剂可以耐受 80 ℃的高温,pH 在 6～13 范围内能保持良好的表面活性,添加 200 g/L 以下的 NaCl 或 $MgCl_2$,以及 20 g/L 以下的 $CaCl_2$ 时其表面张力基本不变,说明该表面活性剂在高温、高 pH、高盐度等极端环境下仍具有很好的表面活性和稳定性能。

第 6 章 *Pseudomonas* sp. LKY - 5 在二苯并噻吩污染土壤修复中的应用

环境介质中的含硫杂环芳烃都为有毒有害难降解的污染物,具有毒性和致突变性。有些含硫杂环芳烃化学性质稳定,其致癌性比多环芳烃和含氮杂环化合物更强,具有较强的生物富集性。土壤环境中含硫杂环芳烃除来源于石油(原油、精炼油)外,还来自一些用于工农业生产的杀虫剂和浮选剂。土壤含硫杂环芳烃污染具有隐蔽性、长期性、不可逆性和易迁移性等特点,治理较为困难。微生物修复具有效率高、成本低、无二次污染等优点,已成为有机污染土壤环境修复中的研究热点。本书第 2 章论述从油田区长期受石油污染的土壤中筛选得到降解菌 *Pseudomonas* sp. LKY - 5,摇床实验显示其对二苯并噻吩具有优越的降解性能,但是土壤环境是一个十分复杂的多相体系和动态开放体系,对微生物的生长和生物活性有重要影响。

因此,本章以模拟的二苯并噻吩污染土壤为对象,利用 *Pseudomonas* sp. LKY - 5 进行土壤环境修复实验,分析土壤基本理化性质,考察污染强度、初始降解菌量、初始含水率、氮磷比、膨松剂用量对修复效果的影响,为降低或消除土壤环境中含硫杂环芳烃污染,进一步实现原位生物修复提供理论依据和技术支持。

6.1 实验材料

6.1.1 主要实验仪器及试剂

实验的主要仪器及试剂如表 6-1 所示。

表 6-1 主要实验仪器与试剂

实验仪器与试剂	规格(型号)	生产厂家
高速冷冻离心机	Allegra 25R	美国贝克曼库尔特有限公司
立式压力灭菌器	LDZX-75KBS	上海申安医疗器械厂
生物净化工作台	BCM-100	苏州净化设备有限公司

(续表)

实验仪器与试剂	规格(型号)	生产厂家
生化培养箱	SHP-250	上海培因实验仪器有限公司
电子分析天平	AL204	梅特勒-托利多仪器(上海)有限公司
pH 计	PHS-25 型	上海仪电科学仪器股份有限公司
气相色谱仪	Bruker 450	美国布鲁克公司
电热恒温鼓风干燥箱	DHG-9240A	杭州蓝天化验仪器厂
超声波清洗器	KQ-250B	昆山市超声仪器有限公司
全自动定氮仪	ATN-300	上海洪纪仪器设备有限公司
二苯并噻吩	纯度 98%	阿拉丁制药
乙酸乙酯	AR	西陇化工股份有限公司
丙酮	AR	国药集团化学试剂有限公司
牛肉膏	生物试剂	国药集团化学试剂有限公司
琼脂粉	生物试剂	国药集团化学试剂有限公司
孟加拉红	CR	中国医药集团上海化学试剂公司
酵母粉	生物试剂	国药集团化学试剂有限公司
蛋白胨	生物试剂	国药集团化学试剂有限公司

6.1.2　培养基

牛肉膏蛋白胨培养基:牛肉膏 3 g,蛋白胨 10 g,NaCl 5 g,琼脂粉 15~20 g,蒸馏水 1 000 mL,pH 7.4~7.6,121 ℃灭菌 20 min。

高氏一号培养基:可溶性淀粉 20.0 g, KNO_3 1.0 g, NaCl 0.5 g, $K_2HPO_4 \cdot 3H_2O$ 0.5 g, $MgSO_4 \cdot 7H_2O$ 0.5 g, $FeSO_4 \cdot 7H_2O$ 0.01 g,琼脂粉 15~20 g,蒸馏水 1 000 mL, pH 7.4~7.6,121 ℃灭菌 20 min。

孟加拉红培养基:蛋白胨 5 g,葡萄糖 10 g, KH_2PO_4 1 g, $MgSO_4 \cdot 7H_2O$ 0.5 g,1% 孟加拉红溶液 3.3 mL,琼脂粉 15~20 g,蒸馏水 1 000 mL,pH 自然,氯霉素 0.1 g,121 ℃灭菌 20 min。

6.1.3　菌源

所用菌源为第 2 章中筛选得到的 *Pseudomonas* sp. LKY - 5,菌密度为 2.9×10^8 CFU/mL。

6.2　实验方法

6.2.1　土样采集

生物修复实验所用土壤样品采自东营市东营区东城东一路和东二路之间远离油田区未被石油污染的土壤,选用梅花形采样法,取表层厚度 10～30 cm 土壤,做好样品记录和标记,置于 4 ℃冰箱中保存。

6.2.2　土样理化性质测定

6.2.2.1　pH 的测定

土样 pH 采用电位法测定,测定方法见附录 5 中 5.1 节。

6.2.2.2　含水率的测定

含水率的测定采用重量法,测定方法见附录 5 中 5.2 节。

6.2.2.3　可溶盐量的测定

土中可溶盐量的测定采用残渣烘干法,测定方法见附录 5 中 5.3 节。

6.2.2.4　有机质的测定

有机质的测定采用稀释热法,测定方法见附录 5 中 5.4 节。

6.2.2.5　有效磷的测定

有效磷的测定采用碳酸氢钠浸提-钼锑抗分光光度法,测定方法见附录 5 中 5.5 节。

6.2.2.6　总氮的测定

总氮的测定采用全自动定氮仪,测定方法见附录 5 中 5.6 节。

6.2.2.7　土样粒径分布的测定

土样粒径分布的测定采用筛分法,测定方法见附录 5 中 5.7 节。

6.2.3　土样微生物数量测定

称取 10 g 土样于已灭菌的锥形瓶中,加入 90 mL 无菌水,振荡 20 min 后取 1 mL 的土壤悬液进行梯度稀释,选择合适的稀释梯度进行涂布,选择菌落数在 30～300 CFU 范围内的平板进行数量测定。细菌、放线菌和真菌的计数培养基分别为牛肉膏蛋白胨培养基、高氏一号培养基和孟加拉红培养基。

6.2.4 污染土壤生物修复条件对修复效果的影响

6.2.4.1 污染强度

将土样分为两部分,一部分进行灭菌处理,另一部分不灭菌。将 DBT 丙酮溶液与土壤充分混合,配制不同浓度梯度(50 mg/kg、100 mg/kg、200 mg/kg、300 mg/kg、400 mg/kg、500 mg/kg)污染土样,待丙酮完全挥发后接种 10% 的降解菌 LKY-5,于温度 30 ℃、空气湿度 10% 条件下培养 7 d 后测定降解率。每组实验做 3 个平行,并做 3 个空白对照。

6.2.4.2 初始含水率

配制 300 mg/kg 未灭菌 DBT 污染土样,接种 10% 的降解菌,调节土样初始含水率为 10%、15%、20%、25%、30%,于温度 30 ℃、空气湿度 10%、培养 7 d 后测定降解率,确定最佳初始含水率。每组实验做 3 个平行,并做 3 个空白对照。

6.2.4.3 初始降解菌量

配制 300 mg/kg 未灭菌 DBT 污染土样,在最佳初始含水率条件下,每 100 g 土壤分别接种 1 mL、2.5 mL、5 mL、7.5 mL、10 mL 菌原液(相当于初始降解菌量为 $2.9×10^6$ CFU/g、$1.45×10^7$ CFU/g、$2.9×10^7$ CFU/g、$4.35×10^7$ CFU/g、$5.8×10^7$ CFU/g),于温度 30 ℃、空气湿度 10%、培养 7 d 后测定降解率,确定最佳初始降解菌量。每组实验做 3 个平行,并做 3 个空白对照。

6.2.4.4 氮磷比

选择 KNO_3 为氮源,K_2HPO_4 为磷源(20 mg/kg 为基数),调整土壤氮磷比分别为 1∶1、2∶1、5∶1、10∶1、15∶1,控制最佳初始降解菌量和最佳初始含水率,于温度 30 ℃、空气湿度 10%、培养 7 d 后测定降解率,确定最佳氮磷比。每组实验做 3 个平行,并做 3 个空白对照。

6.2.4.5 膨松剂用量

将普通松木锯末过 10 目筛后于 121 ℃灭菌 20 min,调整土壤中膨松剂含量为 1%、3%、5%、7%、10%,控制最佳初始降解菌量、最佳初始含水率和最佳氮磷比,于温度 30 ℃、空气湿度 10%、培养 7 d 后测定降解率,确定最佳膨松剂用量。每组实验做 3 个平行,并做 3 个空白对照。

6.2.5 土样中 DBT 浓度测定

将空白土样或降解后的土样移入 250 mL 锥形瓶中,由于修复实验中土壤加水后出现板结现象,直接用有机溶剂萃取不能完全萃取土样中的 DBT,于是先加入 50 mL 蒸馏水将土样打散,用 100 mL 乙酸乙酯进行振荡萃取 15 min,然后用超声波萃取 15 min,再振荡萃取 10 min 后移至离心管中,于 3 000 r/min、4 ℃下离心 10 min,取有机相过 0.22 μm 滤头后进行气相色谱测定,具体方法见 2.2.7 节。

6.3　实验结果与讨论

6.3.1　土样基本性质分析

用于生物修复实验的土壤样品理化性质如表 6-2 所示。从表 6-2 中可以看出,供试土壤偏碱性,pH 为 7.36,含盐量为 1.73%,含水率偏低,氮、磷营养贫乏,不利于微生物的生长繁殖。

表 6-2　土壤理化性质

理化性质	pH	含水率/%	可溶盐量/%	有机质/(g/kg)	总氮/(g/kg)	有效磷/(mg/kg)	DBT 含量/(mg/kg)
结果	7.36	3.7	1.73	7.34	1.26	1.13	未检出

土壤粒径分布是土壤基本物理性质之一,对土壤的水力特性、肥力以及侵蚀状况等有重要影响。土样的粒径分布如图 6-1 所示。从图 6-1 中可以看出,采集的土壤样品主要以砂粒(0.075 mm＜d≤2 mm)和细砾(2 mm＜d≤20 mm)为主,透水性良好,压缩性小,有一定的毛细性。

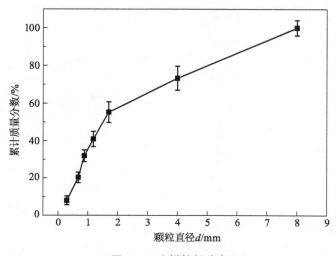

图 6-1　土样粒径分布

土壤中微生物数量结果如表 6-3 所示。从表 6-3 中可以看出，土壤中细菌含量为 1.7×10^4 CFU/g，放线菌含量为 4.3×10^3 CFU/g，真菌含量为 0.6×10^3 CFU/g。

表 6-3　土壤中微生物数量

土壤中微生物	细菌/(10^4 CFU/g)	放线菌/(10^3 CFU/g)	真菌/(10^3 CFU/g)
结果	1.7	4.3	0.6

6.3.2　污染土壤生物修复

6.3.2.1　污染强度

土壤环境中不同 DBT 污染强度下生物降解情况如图 6-2 所示。从图 6-2 中可以看出，土著菌对不同浓度的 DBT 均有降解效果，降解效果较为稳定，7 d 后降解率为 10.2%～23.57%。假单胞菌 LKY-5 的降解能力随着污染强度的增大先增大后降低，高浓度的 DBT 对菌株 LKY-5 的新陈代谢有一定的抑制作用。土著菌和菌株 LKY-5 共同存在时，生物修复效果要明显优于单独土著菌或 LKY-5，当 DBT 浓度为 300 mg/kg 时，降解率为 45.21%。基于此，后续选择菌株 LKY-5 对 DBT 污染土壤进行生物强化修复。

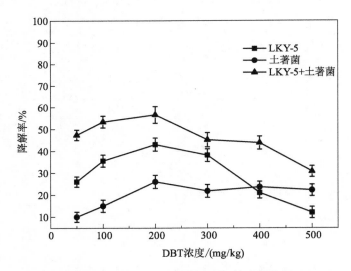

图 6-2　DBT 在不同污染强度下的生物降解

6.3.2.2　初始含水率

微生物维持新陈代谢活动需要水的参与，土壤含水量过低会抑制细胞的生物活性，降低代谢速率，含水量过高导致土壤空隙中氧气含量不足，降低细胞的张力和减少养分的扩散。不同初始含水率对假单胞菌 LKY-5 强化修复 DBT 污染土壤的影响如图 6-3 所示。

从图 6-3 中可以看出,随着初始含水率的增加(10%～20%),DBT 的降解率有所上升,当土样初始水率为 20% 时,降解率为 55.25%。但是继续增加至 35% 时,降解率反而下降明显,DBT 的降解率仅有 11.66%,可见初始含水率过高并不能提高生物修复效果,原因可能是含水量过高降低了土壤空隙的含氧量,且水分蒸发后土壤出现板结,不利于微生物的代谢活动。本实验中假单胞菌 LKY-5 强化修复 DBT 污染土壤的最佳初始含水率为 20%。

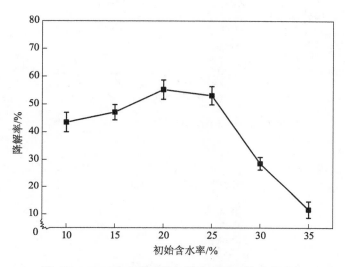

图 6-3　DBT 在土壤不同初始含水率下的生物降解

6.3.2.3　初始降解菌量

合适的初始降解菌数量可以缩短菌体生长的延迟期,提高微生物代谢速率。污染土壤中不同初始降解菌量对生物修复效果的影响如图 6-4 所示。从图 6-4 中可以看出,DBT 的降解率随着初始降解菌量的增大而增大,当初始降解菌量为 4.35×10^7 CFU/g 时,降解率为 65.41%,继续增大降解菌量,降解率没有明显增加,因此确定最佳初始降解菌量为 4.35×10^7 CFU/g。

6.3.2.4　氮磷比

氮源和磷源是常见的有机污染物生物降解的限制因素,对细菌的生长繁殖具有直接影响。供试土样中 N、P 含量相对缺乏,添加适量营养物可以促进生物降解。不同氮磷比对生物降解效果的影响见图 6-5。从图 6-5 中可以看出,氮磷比对降解菌 LKY-5 强化修复 DBT 污染土壤的影响不明显,随着氮磷比的增加,DBT 降解率增长缓慢,当氮磷比大于 10:1 时,降解率出现下降。由此可以看出,氮磷的添加并不是越多越好,在微生物生长代谢与氮磷营养的量之间存在合适的匹配值。因此,降解菌 LKY-5 强化修复 DBT 污染土壤的最佳氮磷比为 10:1。

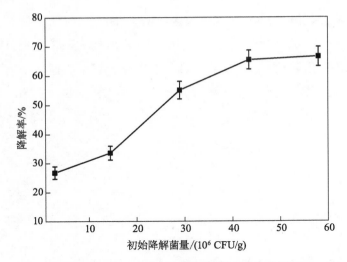

图 6-4　DBT 在不同初始降解菌量下的生物降解

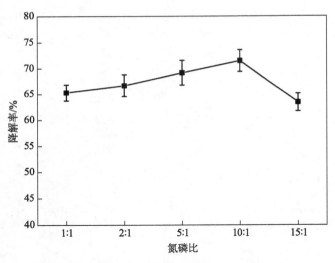

图 6-5　DBT 在不同氮磷比下的生物降解

6.3.2.5　膨松剂用量

　　土壤中加入膨松剂可以增强土壤通透性,能有效促进有机污染物的生物降解。锯末持水能力强,能够使土壤中水分不易散失,同时可以增强土壤的透气性,经常被用来改善土壤环境。膨松剂用量对假单胞菌 LKY-5 强化修复 DBT 污染土壤的影响如图 6-6 所示。从图 6-6 中可以看出,当膨松剂用量为 1％～3％、5％～7％时,DBT 降解率明显上升;当膨松剂用量为 3％～5％时,降解率降低;当膨松剂用量从 7％增加到 10％时,降解率增加不明显,最高可达 78.32％。从经济成本和降解效果的角度出发,确定最佳膨松剂用量为 7％。

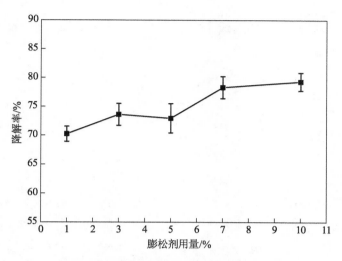

图 6-6　**DBT 在不同膨松剂用量下的生物降解**

6.4　本章小结

本章以模拟二苯并噻吩污染土样为对象,利用 *Pseudomonas* sp. LKY - 5 进行土壤环境修复实验,分析土壤基本理化性质,考察污染强度、初始含水率、初始降解菌量、氮磷比、膨松剂用量对修复效果的影响,得出以下结论:

(1) 供试土壤以砂粒和细砾为主,透水性良好,偏碱性,pH 为 7.36,含盐量为 1.73%,含水率偏低,氮、磷营养贫乏,不利于微生物的生长繁殖。土壤中细菌含量为 1.7×10^4 CFU/g,放线菌含量为 4.3×10^3 CFU/g,真菌含量为 0.6×10^3 CFU/g。

(2) 土著菌对 DBT 浓度在 50~500 mg/kg 范围内均有降解效果,降解率为 10.2%~23.57%。*Pseudomonas* sp. LKY - 5 的降解能力随着污染强度的增大先增大后降低,高浓度的 DBT 对菌株 LKY - 5 的新陈代谢有一定的抑制作用。土著菌和菌株 LKY - 5 共同存在时,生物修复效果要明显优于单独土著菌或 LKY - 5,当 DBT 浓度为 300 mg/kg 时,降解率为 45.21%。

(3) *Pseudomonas* sp. LKY - 5 强化修复 DBT(300 mg/kg)污染土壤的最佳条件为:初始含水率 20%,初始降解菌量 4.35×10^7 CFU/g,氮磷比 10∶1,膨松剂用量 7%。此时,DBT 降解率可以达到 78.32%。

第7章 结论与建议

7.1 结论

近年来,我国含硫原油(高硫原油)进口量大幅增加,不可避免地对海洋、土壤和地下水等造成严重污染,危害人体健康及生态系统安全。本书针对石油中强富集性、致癌、致畸、致突变以及难以降解的含硫杂环芳烃化合物进行生物降解研究,筛选分离出高效降解菌,将其鉴定到属分类阶元,明确系统发育信息,选择降解性能最好的菌株进行单因素实验,优化其培养条件,分析其代谢途径,考察降解底物的宽泛性以及对不同类型柴油的降解性能,并对该降解菌产生的生物表面活性剂进行提取、分离和鉴定,分析其基本理化性质及稳定性能,最后将降解菌应用于模拟污染土壤中进行生物修复实验,得到以下结论:

(1)从胜利油田石油污染土样中筛选得到 10 组对二苯并噻吩具有降解效果的混合菌,选择降解率最高的 10♯混合菌进行多次分离、纯化得到 5 株降解单菌,分别命名为 LKY-1、LKY-3、LKY-5、LKY-6、LKY-13,经 16S rDNA 序列分析将其分别鉴定为红球菌属(*Rhodococcus*)、纤维菌属(*Cellulosimicrobium*)、假单胞菌属(*Pseudomonas*)、德沃斯氏菌属(*Devosia*)、赖氨酸芽孢杆菌属(*Lysinibacillus*)。选择降解效果最好的 *Pseudomonas* sp. LKY-5,利用响应曲面法优化培养条件,结果显示影响 DBT 降解率的最主要因素是底物浓度,其次是培养温度,再次是初始 pH 和摇床转速。当底物浓度为 100 mg/L,培养温度为 25~31 ℃,初始 pH 为 7.2~8.5,摇床转速为 140~180 r/min 时,7 d 基本可以完全降解 DBT。

(2)菌株 LKY-5 以杆菌形态存在,长度约为 1.5 μm,宽度约为 0.42 μm,在涂有 DBT 的 LB 固体培养基上有明显降解圈,经过降解后的培养基呈现鲜艳的橘红色。不同初始 DBT 浓度(50~300 mg/L)的培养基经过 24 h 降解后的 pH 均迅速上升并稳定在8.5 左右。菌株 LKY-5 能以 DBT 为生长的唯一碳源和能源,菌体生物量随着底物浓度的下降而上升。初始 DBT 浓度在 50~200 mg/L 范围内,24 h 内有较为明显的降解,菌株生长直接进入对数期。当初始 DBT 浓度为 300 mg/L 时,菌株生长有一定的延滞,312 h 后的降解率为 41.63%。

(3)菌株 LKY-5 降解 DBT 过程中产生了 26 种可基本确定的代谢产物。根据本书研究检测到的代谢产物及已报道的 DBT 代谢途径,推测 *Pseudomonas* sp. LKY-5 有两条可能的代谢途径。其中一条代谢途径为：DBT 首先在加氧酶的作用下生成 DBT 砜，然后打开噻吩环上的 C—S 键生成 2′-羟基联苯基-2-亚磺酸盐，接着脱掉磺酸基、羟基生成联苯，联苯在加氧酶、脱氢酶等酶系的作用下发生开环反应，生成 2-羟基-6-酮基-6-苯基-2,4-己二烯，随后水解生成苯甲醛，接着氧化生成苯甲酸，苯甲酸在双加氧酶的作用下生成邻苯二酚(儿茶酚)，或者苯甲醛在单加氧酶作用下生成 2-羟基苯甲醛，随后氧化生成 2-羟基苯甲酸(水杨酸)，接着生成邻苯二酚，最后生成 2-羟基己二烯半醛酸进入三羧酸循环，生成 CO_2 和 H_2O。另一条代谢途径为：DBT 断裂一个苯环生成 3-羟基-2-甲酰基苯并噻吩(HFBT)，HFBT 中甲酰基一般不稳定，较易被氧化生成羧基，然后脱掉羧基生成 3-羟基苯并噻吩，或脱掉羟基生成苯并噻吩-2-羧酸，接着生成 2,3-苯并噻吩二酮，断裂噻吩环生成硫代水杨酸，随后生成苯甲酸，最后生成邻苯二酚进入三羧酸循环，或者两个 2,3-苯并噻吩二酮生成硫靛，然后生成 2-巯基苯乙醛酸，再生成苯乙酸。

（4）在单一底物体系中，菌株 LKY-5 对正十六烷、菲、芘和咔唑均有降解效果，降解能力为正十六烷＞菲＞咔唑＞芘。当 DBT 分别与正十六烷、菲、芘、咔唑复合时，正十六烷或菲对 DBT 的降解有促进作用，芘或咔唑呈抑制作用，其中咔唑的抑制作用最为明显。同时，DBT 的存在抑制了降解菌对正十六烷、菲、芘和咔唑的降解，降解率均较单一体系时低。市售 0 号柴油中含硫化合物组成相对简单，主要为烷基二苯并噻吩、4,6-二甲基二苯并噻吩、2,4,6-三甲基二苯并噻吩以及元素硫等。青岛炼化催化裂化柴油中含硫化合物除了上述硫化物之外，还有苯并噻吩、烷基苯并噻吩、二苯并噻吩、4-甲基二苯并噻吩等。不管是在低硫柴油(0 号柴油)还是高硫柴油(青岛炼化催化裂化柴油)中，含量最多的含硫杂环芳烃类化合物是二苯并噻吩类化合物。

（5）降解菌 LKY-5 对市售 0 号柴油和青岛炼化催化裂化柴油中硫化物均有不同程度的降解，催化裂化柴油中总硫的降解率高于 0 号柴油。LKY-5 对 0 号柴油中硫化物的降解率为 28.15%～42.32%，其中 C_1-DBT 降解率最高。青岛炼化催化裂化柴油中含硫化合物的降解率为 16.69%～100%，其中 DBT 降解率为 35.48%，较相同浓度单独存在时有所下降。市售 0 号柴油的组分主要为 C_9～C_{25} 正构烷烃，催化裂化柴油的组分主要为 C_9～C_{21}(除 C_{19} 外)正构烷烃和萘的烷基衍生物。降解菌 LKY-5 对 0 号柴油中 C_{11}～C_{25} 均有不同程度的降解，C_9 和 C_{10} 降解后浓度明显上升。催化裂化柴油中除了 C_{20} 和 C_{21} 有降解效果外，C_9～C_{18} 浓度同样出现了不同程度的上升，其中萘的烷基系列化合物的降解率明显高于正构烷烃。

（6）花生油为 *Pseudomonas* sp. LKY-5 产生表面活性剂的最佳碳源，可以将发酵液表面张力降至 28.9 mN/m，表面活性剂的产量为 0.15 g/L。经 HPLC-ESI-MS/MS 分析得出该表面活性剂的主要组分为鼠李糖脂，化学结构为 2-O-α-L-鼠李糖苷-α-L-吡喃鼠李糖苷-β-羟基辛酰-β-羟基辛烯酸酯，表达式为 Rha-Rha-C_8-$C_{8:1}$。另外，还包含少量的游离脂肪酸（C_{18}、$C_{18:1}$、C_{19}、$C_{19:1}$、$C_{20:1}$、C_{20}）。该表面活性剂的临界胶束浓度为 180 mg/L，亲水亲油平衡值为 12.3。乳化性能相比十二烷基硫酸钠较差，对柴油的乳化能力优于液体石蜡，对柴油 24 h 的乳化能力可以达到 61%，120 h 后仍可保持在 56%。该表面活性剂可以耐受 80 ℃ 的高温，pH 在 6～13 范围内能保持良好的表面活性，添加 200 g/L 以下的 NaCl 或 $MgCl_2$，以及 20 g/L 以下的 $CaCl_2$ 时其表面张力基本不变。

（7）供试土壤以砂粒和细砾为主，透水性良好，偏碱性，pH 为 7.36，含盐量为 1.73%，含水率为 3.7%，氮、磷营养贫乏，含有细菌 $1.7×10^4$ CFU/g，放线菌 $4.3×10^3$ CFU/g，真菌 $0.6×10^3$ CFU/g。土著菌对 DBT 浓度在 50～500 mg/kg 范围内均有降解效果，降解率为 10.2%～23.57%。土著菌和菌株 LKY-5 共同存在时，生物修复效果要明显优于单独土著菌或 LKY-5，当 DBT 浓度为 300 mg/kg 时，降解率为 45.21%。*Pseudomonas* sp. LKY-5 强化修复 DBT（300 mg/kg）污染土壤的最佳条件为：初始含水率 20%，初始降解菌量 $4.35×10^7$ CFU/g，氮磷比 10∶1，膨松剂用量 7%。

7.2　建议

建议在本书的基础上，继续开展以下工作：

（1）由于土壤是十分复杂的生态系统，投加降解菌进行生物强化修复时，往往和土著微生物以混合菌形式发挥作用。因此，建议进一步分析强化修复过程中微生物群落结构、优势菌种、群落结构稳定性与修复时间、修复效果的关联性，研究微生物群落中该降解菌产生表面活性剂的关键促进因子，明确该降解菌的代谢调控机制，并评价修复后土壤生态系统恢复水平，在此基础上，建立提高生物强化修复效果的调控体系。

（2）在实际情况中，含硫杂环芳烃往往存在于石油污染介质（土壤、地下水、海洋）中，并不单独存在，和石油中其他组分共同对环境造成危害。鉴于石油组分的复杂性，以及含硫杂环芳烃量少、毒性大等特点，需要进一步完善石油（特别是高硫重质原油）中含硫杂环芳烃分析测定方法，为实际污染体系中生物修复效果评价提供依据。

附　录

附录1　细菌生理生化实验

（1）革兰氏染色

① 染剂：A. 结晶紫混合液（甲液：结晶紫 2 g，95％乙醇 20 mL；乙液：草酸铵 0.8 g，蒸馏水 80 mL。甲液与乙液混合，静止 48 h 后过滤使用）。B. 碘液（碘 1 g，碘化钾 2.0 g，蒸馏水 300 mL，先用 3～5 mL 蒸馏水溶解碘化钾，再投入碘片，待溶解后，加水稀释至 300 mL）。C. 脱色液（95％乙醇 70 mL，丙酮 30 mL）。D. 复染液（0.5％番红水溶液，番红 2.5％乙醇溶液 20 mL，蒸馏水 80 mL）。

② 染色步骤：A. 用接种针挑取少许菌苔，涂布在干净玻璃片上的 1 滴无菌水或蒸馏水中，风干固定。B. 用结晶紫混合液染 1 min 后，用水洗。C. 碘液作用 1 min，吸干。D. 用 95％乙醇或丙酮乙醇溶液脱色，流滴至洗脱液无色。E. 用番红染液复染 2～3 min，水洗，风干。

③ 用相差显微镜观察结果，红色为革兰氏阴性菌，深紫色为革兰氏阳性菌。

（2）糖醇发酵

① 一般细菌常用休和利夫森二氏培养基，其组成为蛋白胨 5 g，NaCl 5 g，K_2HPO_4 0.2 g，糖醇（葡萄糖或其他糖、醇）10 g，琼脂 5～6 g，1％溴甲酚紫（溴百里香草酚蓝）3 mL，蒸馏水 1 000 mL，pH 7.0～7.2，分装试管。培养基高度约 4.5 cm，115 ℃灭菌 20 min。

② 接种与观察。以幼龄斜面培养物穿刺接种于上述培养基中，室温培养 1 d、3 d、5 d 后观察，如指示剂变黄，表示产酸，为阳性；不变或变蓝则为阴性。

（3）吲哚实验

① 培养基：1％胰蛋白胨水溶液；调 pH 为 7.2～7.6，分装 1/4～1/3 试管，115 ℃蒸汽灭菌 30 min。

② 接种：把新鲜的菌种接种于上述培养基中，于室温培养。

③ 试剂：对二甲基氨基苯甲醛 8 g，95％乙醇 760 mL，浓 HCl 160 mL。

④ 测定：沿管壁缓缓加入 3～5 mm 高的试剂于培养 1 d、2 d、4 d、7 d 的培养液表面，若液层界面上出现红色，即为阳性反应；若颜色不明显，加 4～5 滴乙醚至培养液，摇动，使乙醚分散于液体中，将培养液静置片刻，待乙醚浮至液面后再加吲哚试剂。如培养液中有

吲哚,吲哚可被提取在乙醚层中,浓缩的吲哚和试剂反应,则颜色明显。

（4）甲基红实验

① 培养基:蛋白胨 5 g,葡萄糖 5 g,K$_2$HPO$_4$ 5 g,水 1 000 mL,调 pH 至 7.0～7.2。

② 甲基红试剂:甲基红 0.1 g,95％乙醇 300 mL,蒸馏水 200 mL。

③ 接种观察:接种试验菌于以上培养基中,至室温培养 2～6 d。在培养液中加入 1 滴甲基红试剂,红色为甲基红试验阳性反应,黄色为阴性反应。

（5）V-P 实验

① 培养基:蛋白胨 5 g,葡萄糖 5 g,K$_2$HPO$_4$ 5 g,水 1 000 mL,调 pH 至 7.0～7.2。

② 肌酸,40％ NaOH。

③ 取培养液和 40％ NaOH 等量相混。加少许肌酸,10 min 后如培养液出现红色,即为阳性反应。

（6）明胶液化

① 培养基:蛋白胨 5 g,明胶 100～150 g,水 1 000 mL,pH 7.2～7.4,分装试管,培养基高度为 4～5 cm,115 ℃蒸汽灭菌 20 min。

② 接种与观察。取 18～24 h 的斜面培养物穿刺接种,并有两个未接种的空白作对照。于 20 ℃下培养 2 d、7 d、10 d、14 d、30 d。在 20 ℃以下的室内观察其生长情况和明胶是否液化。如果菌株已生长,明胶表面无凹陷且为稳定的凝块,则为阴性。如明胶部分或者全部在 20 ℃以下变为可流动的液体,则为明胶水解,且为阳性。

（7）细菌运动性实验

配制无机盐培养基,在其中加入 0.3％～0.6％的琼脂,配制成半固体培养基(放倒试管不流动,手上轻轻敲打即破裂)。用直针穿刺接种试验菌于半固体培养基上,室温培养。细菌的运动性可用投射光目测。若生长物只生长在穿刺线上,边缘十分清晰,则表示试验菌无运动性;若生长物由穿刺线向四周呈云雾状扩散,其边缘呈云雾状,则表示试验菌有运动性。

（8）接触酶实验

① 试剂:3％～10％过氧化氢。

② 结果观察:将 24 h 培养的斜面菌种,以铂丝接种环取一小环涂抹于滴有 3％过氧化氢的玻片上,如有气泡产生即为阳性,无气泡产生则为阴性。

附录 2　细菌基因组 DNA 提取试剂盒使用方法

使用前先在去蛋白液 GD 和漂洗液 PW 中加入无水乙醇,加入的体积参照瓶上的标签。所有离心步骤均为使用离心机在室温下离心。

① 取细菌培养液 1～5 mL，10 000 r/min 离心 1 min，尽量吸净上层清液。

② 向菌体沉淀中加入 200 μL 缓冲液 GA，振荡至菌体彻底悬浮。

注意：对于较难破壁的革兰氏阳性菌，可略过第②步骤，加入溶菌酶进行破壁处理，具体方法为：加入 180 μL 缓冲液（20 mmol/L Tris，pH 8.0；2 mmol/L Na-EDTA；1.2% Triton；终浓度为 20 mg/mL 的溶菌酶），37 ℃ 处理 39 min 以上。如果需要去除 RNA，可加入 29 微升 RNaseA（25 mg/mL）溶液，振荡 15 s，室温放置 5 min。

③ 向管中加入 20 μL 蛋白酶 K 溶液，混匀。

④ 加入 220 μL 缓冲液 GB，振荡 15 s，70 ℃ 放置 10 min，溶液应变清亮，简短离心以去除管盖内壁的水珠。

⑤ 加 220 μL 无水乙醇，充分振荡混匀 15 s，此时可能会出现絮凝沉淀，简短离心去除管盖内壁的水珠。

⑥ 将上一步所得溶液和絮凝沉淀都加入一个吸附柱 CB3 中，12 000 r/min 离心 30 s，倒掉废液，吸附柱 CB3 放入收集管中。

⑦ 向吸附柱 CB3 中加入 500 μL 去蛋白液 GD（使用前先检查是否已加入无水乙醇），12 000 r/min 离心 30 s，倒掉废液，吸附柱放入收集管中。

⑧ 向吸附柱 CB3 中加入 700 μL 漂洗液 PW（使用前先检查是否加入无水乙醇），12 000 r/min 离心 30 s，倒掉废液，吸附柱放入收集管中。

⑨ 向吸附柱 CB3 中加入 500 μL 漂洗液 PW，12 000 r/min 离心 30 s，倒掉废液。

⑩ 吸附柱 CB3 放回收集管中，12 000 r/min 离心 2 min，目的是将吸附柱中残余的漂洗液去除。将吸附柱 CB3 置于室温或在 50 ℃ 温箱中放置数分钟，以彻底晾干吸附材料中残余的漂洗液。

注意：漂洗液中乙醇的残留会影响后续的酶反应（酶切、PCR 等）试验。

⑪ 将吸附柱 CB3 转入一个干净的离心管中，向吸附膜的中间部位悬空滴 50～200 μL 经 60～70 ℃ 水浴预热的洗脱缓冲液 TE，室温放置 2～5 min，12 000 r/min 离心 30 s。

⑫ 离心得到的溶液再加入吸附柱 CB3 中，室温放置 2 min，12 000 r/min 离心 2 min。

注意：洗脱缓冲液体积最好不少于 50 μL，体积过小影响回收率。洗脱缓冲液的 pH 对于洗脱效率有很大影响。若用水作洗脱液应保证其 pH 在 7.0～8.5 范围内（可以用 NaOH 将水中的 pH 调到此范围），pH 低于 7.0 会降低洗脱效率；且 DNA 产物应保存在 －20 ℃ 的环境中，以防 DNA 降解。

附录 3 基因组 DNA 及 PCR 产物琼脂糖电泳

基因组 DNA 琼脂糖电泳所使用的 Marker 为 λ-EcoT14 I digest DNA Marker,PCR 产物琼脂糖电泳所使用的 Marker 为:100 bp DNA Ladder Marker。

电泳具体步骤如下:

(1) 琼脂糖凝胶的制备

根据 DNA 样品数量确定制备凝胶的大小,样品量小于 11 个时可制备小凝胶,大于 11 个时需要制备更大的凝胶。其中 1%(质量浓度)的小凝胶约需体积 20 mL。具体步骤如下:

① 用电子天平称取大约 0.2 g 琼脂糖;

② 倒入一个 150 mL 锥形瓶中,加入 1×TAE 20 mL,将锥形瓶放入微波炉中加热至琼脂糖与 TAE 溶液完全溶解并沸腾为止;

③ 将微波炉中锥形瓶取出,冷却到不烫手后将液体倒入预先放好梳子的凝胶制备台上,倒入过程要缓慢,如果产生气泡可以用移液枪将气泡吸走;

④ 当琼脂糖凝胶完全凝固后,尽快将凝胶与支撑架一起转移至电泳槽中,并要求凝胶孔一侧与阴极对应。

(2) 染色及上样

① 染色:取一张 PARAFILM 实验用滤纸,根据上样的 DNA 样品数量在 PARAFILM 表面用 10 μL 移液枪滴加数量相同的 1 μL 6×DNA 缓冲液染料液滴,然后分别取装有 DNA 样品的 TE 液 5 μL 与这些染料液滴混合均匀;

② 上样:将上述混合均匀的上样液用移液枪转移至电泳槽中对应的孔道内,同时吸取 5 μL 的 Marker 至上好样的凝胶左右孔道。

(3) 电泳

完成上述操作后,检查电泳槽内的 1×TAE 是否完全将凝胶浸没,如果没有,可以继续加入 1×TAE 少许;接着,将电极盖与电泳槽对应连接。打开 DYY-8C 型电泳仪电源,调节电压至 120~130 V 之间,按"启动"键开始电泳。

(4) 凝胶染色

当电泳时间达到 30 min 或染料条带迁移至支撑架中线位置时停止电泳,将凝胶取出,放入 EB(溴化乙锭)溶液中于暗处染色 10~15 min。

(5) 摄像

将经过 EB 染色的凝胶取出移至 SX-300 IMAGE SYSTEM 的载胶台中,打开与该摄像系统相连的 ShineTech.GelAnalyse 分析软件,进入实时模式,调整凝胶至水平,然后打开紫外灯进行照相。

附录4　扫描电镜观察

（1）取 1 mL 液体培养基中的纯菌放入 5 mL 离心管中,6 000 r/min 离心 5 min,倒掉上清液,向管中加入一定量的戊二醛溶液(2.5%,pH 为 6.8),加入量为淹没样品即可,然后放入 4 ℃冰箱中保存 1.5 h。

（2）利用注射器将戊二醛溶液吸掉,然后用磷酸缓冲溶液(0.1 mol,pH 为 6.8)冲洗 3 次,每次 10 min,每次冲洗时先用注射器缓慢吸走上一步骤的冲洗液。

（3）分别用浓度为 50%、70%、80%、90% 的乙醇进行梯度脱水,每次 15 min,再用 100% 的乙醇脱水 3 次,每次 15 min。

（4）然后用乙醇-乙酸异戊酯的混合液(100%乙醇∶乙酸异戊酯＝1∶1)和纯乙酸异戊酯各冲洗一次,每次 15 min。

（5）用注射器吸掉管中的乙酸异戊酯后,将样品进行冷冻干燥。

（6）用双面胶将样品粘贴在扫描电镜专用铝板上后,用离子溅射镀膜仪在样品表面镀上一层铂金膜,然后置于扫描电镜下进行观察。

附录5　土壤理化性质测定

5.1　pH 的测定

称取通过 1 mm 孔径网筛的风干土样 10 g,放在 50 mL 烧杯中,加入 1.0 mol/L 的 KCl 溶液 25 mL,剧烈搅动 1～2 min,使土体充分散开。用一培养皿盖住,以避免空气中的 NH_3 或挥发性酸的影响,放置半小时,然后用 pH 计测定。

5.2　含水率的测定

取小型铝盒在 105 ℃恒温箱中烘烤约 2 h,移入干燥器内冷却至室温,称重,精度准确至0.001 g。将铝盒盖揭开,放在盒底下,称取一定量的土样后,置于已预热至 105 ℃的烘箱中烘烤 6 h。然后取出铝盒,并盖好,移入干燥器中冷却至室温,称重。每组实验做 3 次平行,取平均值。

计算公式：
$$含水率 = \frac{(m_1 - m_2)}{(m_2 - m_0)} \times 100\%$$

式中：m_0——烘干空铝盒质量(g);

$\qquad m_1$——烘干前铝盒及土样质量(g);

m_2——烘干后铝盒及土样质量(g)。

5.3 可溶盐量的测定

称取土壤 20 g,置于烧杯中,加入 100 mL 蒸馏水,搅拌 3 min 后立即过滤。吸取 50 mL 滤液,放入已干燥称重的 100 mL 小烧杯中,于水浴蒸干。用 15% 过氧化氢溶液处理,水浴加热,去除有机物。用滤纸片擦干小烧杯外部,放入 105 ℃ 烘箱中烘 4 h,然后移至干燥器中冷却至室温,用分析天平称量。称好后的烘干残渣继续放入烘箱中烘 2 h 后再称,直至恒重(即两次重量之差小于 0.000 3 g)。

计算公式:
$$可溶盐量 = \frac{(W_1 - W_2) \times 2}{W_3} \times 100\%$$

式中:W_1——烘干后烧杯及残渣质量(g);

W_2——烘干后烧杯质量(g);

W_3——土壤质量(g)。

5.4 有机质的测定

(1) 实验试剂

1 mol/L(1/6 $K_2Cr_2O_7$)溶液:准确称取 $K_2Cr_2O_7$(分析纯,105 ℃ 烘干)49.04 g,溶于水中,稀释至 1 L。

0.4 mol/L(1/6 $K_2Cr_2O_7$)的基准溶液:准确称取 $K_2Cr_2O_7$(分析纯,130 ℃ 烘 3 h)19.613 2 g 于 250 mL 烧杯中,以少量水溶解,全部倒入 1 000 mL 容量瓶中,加入浓 H_2SO_4 约 70 mL,冷却后用水定容至刻度线处,充分摇匀备用,其中硫酸浓度约为 2.5 mol/L(1/2 H_2SO_4)。

0.5 mol/L $FeSO_4$ 溶液:称取 $FeSO_4 \cdot 7H_2O$ 140 g 溶于水中,加入浓 H_2SO_4 15 mL,冷却稀释至 1 L。此溶液的准确浓度以 0.4 mol/L(1/6 $K_2Cr_2O_7$)的基准溶液来标定。即分别准确吸取 3 份 0.4 mol/L(1/6 $K_2Cr_2O_7$)的基准溶液各 25 mL 于 150 mL 锥形瓶中,加入邻菲罗啉指示剂 2～3 滴(或加 2-羧基代二苯胺 12～15 滴),然后用 0.5 mol/L $FeSO_4$ 溶液滴定至终点变色,并计算出准确的 $FeSO_4$ 浓度。硫酸亚铁($FeSO_4$)溶液在空气中易被氧化,需新鲜配制或以标准的 $K_2Cr_2O_7$ 溶液每天标定之。

邻菲罗啉指示剂:称取邻菲罗啉(分析纯)1.485 g 与 $FeSO_4 \cdot 7H_2O$ 0.695 g,溶于 100 mL 水中。

(2) 实验步骤

准确称取 0.5 g 土壤样品于 500 mL 的锥形瓶中,然后准确加入 1 mol/L(1/6 $K_2Cr_2O_7$)溶液 10 mL 于土壤样品中,转动瓶子使之混合均匀,然后加浓 H_2SO_4 20 mL,将锥形瓶缓缓转动 1 min,促使混合以保证试剂与土壤充分作用,并在石棉板上放置约

30 min,加水稀释至 150 mL,加 3~4 滴邻菲罗啉指示剂,用 0.5 mol/L FeSO$_4$ 标准溶液滴定至近终点变色时溶液颜色由绿色变成暗绿色,逐渐加入 FeSO$_4$ 直至生成砖红色为止。

（3）结果计算

$$土壤有机碳（g/kg）=[C(V_0-V)\times10^{-3}\times3.0\times1.33/烘干土重]\times1\,000$$

$$土壤有机质（g/kg）=土壤有机碳（g/kg）\times1.724$$

式中：1.33——氧化校正系数；

　　　C ——0.5 mol/L FeSO$_4$ 标准溶液的浓度；

　　　V_0 ——空白滴定用去 FeSO$_4$ 体积（mL）；

　　　V ——样品滴定用去 FeSO$_4$ 体积（mL）。

5.5　有效磷的测定

（1）方法原理

石灰性土壤中的磷主要以 Ca-P（磷酸钙盐）的形态存在,中性土壤中 Ca-P、Al-P（磷酸铝盐）、Fe-P（磷酸铁盐）都占有一定比例。由于浸提液（0.5 mol/L NaHCO$_3$）提高了 CO$_3^{2-}$ 离子的活性,使其与 Ca^{2+} 形成 CaCO$_3$ 沉淀,从而降低了 Ca^{2+} 的活性,因磷酸钙的溶解度大于碳酸钙的溶解度,故磷酸根的活性增加,同时也可使比较活性的 Fe-P 和 Al-P 起水解作用而浸出,从而增加了碳酸氢钠提取中性和石灰性土壤速效磷的能力。此法提取时受温度影响很大,以 20 ℃为宜。

（2）试剂配制

0.5 mol/L NaHCO$_3$ 溶液:称取 NaHCO$_3$ 42 g 溶于 800 mL 水中,用 0.5 mol/L NaOH 调节 pH 至 8.5,洗入 1 000 mL 容量瓶中,定容摇匀,贮于试剂瓶。

无磷活性炭:为了除去活性炭中的磷,先用 0.5 mol/L NaHCO$_3$ 浸泡过夜,然后在平板瓷漏斗上抽气过滤。再用 0.5 mol/L NaHCO$_3$ 溶液洗 2~3 次。最后用水洗去 NaHCO$_3$ 并检查到无磷为止,烘干后贮于瓶中备用。

磷（P）标准液:称取 105 ℃烘干 2 h 的 KH$_2$PO$_4$（AR）0.439 g 于烧杯中溶解,将溶液洗入 1 000 mL 容量瓶中,加入 5 mL 浓 H$_2$SO$_4$,定容摇匀即得 100 mg/kg 磷标准液。

硫酸钼锑贮存液:取蒸馏水约 400 mL 放入 1 000 mL 烧杯中,将烧杯浸在冷水中,缓缓注入浓 H$_2$SO$_4$（AR）208.3 mL,并不断搅拌,冷却至室温;另称取钼酸铵（AR）20 g 溶于约 60 ℃的 200 mL 蒸馏水中,冷却。将 H$_2$SO$_4$ 溶液徐徐倒入钼酸铵溶液中,不断搅拌,再加入 100 mL 0.5%酒石酸锑钾溶液,洗入 1 000 mL 容量瓶中定容摇匀,贮于棕色瓶中。

（3）需现测现配的试剂

5 mg/kg 磷标准液:吸取 2.5 mL 100 mg/kg 磷标准液于 50 mL 容量瓶中,定容摇匀即得 5 mg/kg 磷标准液。

硫酸钼锑抗混合显色剂:于 100 mL 硫酸钼锑贮存液中,加入抗坏血酸(旋光度 $+21°\sim+22°$)1.5 g,搅拌溶液后使用。

(4)操作步骤

称取 1 g 土样于 50 mL 锥形瓶中,加入 20 mL 0.5 mol/L NaHCO₃,加入 1/5 小勺无磷活性炭,加塞后手摇 1 min,放置 20 min 再摇 1 min,立即过滤。因仪器浓度直读,只需配 3 个标准液(下限、校验、上限),分别吸取 5 mg/kg 磷标准液 0 mL、3 mL、5 mL 于 3 个 50 mL 容量瓶中,再逐个加入 0.5 mol/L NaHCO₃ 10 mL。土壤滤液则需吸取 10 mL 于另一个 50 mL 容量瓶中。然后,对上述 4 个容量瓶逐个加入显色剂 5 mL,摇动容量瓶,排出 CO₂,加水定容摇匀,显色 30 min。3 个标准液的浓度分别为 0 mg/kg、0.30 mg/kg、0.50 mg/kg。然后按仪器操作规程测定土壤样品中磷浓度,记录表头读数。

(5)结果计算

$$\text{土壤速效磷 P(mg/kg)}=\text{表头读数}\times\frac{100}{5}\times\frac{50}{10}=\text{表头读数}\times 100$$

5.6 总氮的测定

(1)实验试剂

分析纯硫酸(密度为 1.84 g/cm³);NaOH 溶液(400 g/L):400 g NaOH 溶于 1 000 mL H₂O 中;2% H₃BO₃:20 g H₃BO₃(化学纯)溶于 1 L 水中;0.1 mol/L HCl:8.3 mL 37% 浓盐酸(密度为 1.19 g/cm³);催化剂:硒+硫酸铜(质量比 1∶1 000):0.1 g 硒与 100 g 硫酸铜混合均匀。

指示剂:0.1% 甲基红+0.5% 溴甲酚绿(体积比 1∶1)。溶液 1:称取 0.1 g 溴甲酚绿,溶于乙醇(95%),用乙醇(95%)稀释至 100 mL;溶液 2:称取 0.2 g 甲基红,溶于乙醇(95%),用乙醇(95%)稀释至 100 mL;取 30 mL 溶液 1,10 mL 溶液 2,混匀即可。

(2)实验步骤

① 土样消煮:称取经粉碎通过 40~60 目/寸筛的 0.500 0 g 土样无损地置入已洗涤烘干的消化管中,加 5 g 左右催化剂和 10 mL 左右硫酸。将消化管分别放入消化架各个孔内,然后置于消化炉上,再开启抽气三通上的自来水龙头,使抽气三通处于吸气状态,接通电源,在加热初始阶段防止样品飞溅。消化 40 min 左右(200 ℃ 15 min,400 ℃ 25 min)。

② 氨的蒸馏:连好仪器管路,在选用手动工作模式时,按一下启动按钮,再打开自来水龙头,这时夹紧侧面排水夹子,按仪器提示操作,待蒸汽稳定,关闭右侧蒸汽开关,放上消化冷却好的样品,右边托盘放上 250 mL 的接收瓶,根据顺序按各个按键分别加入碱(NaOH) 50 mL,蒸馏水 15 mL,硼酸 50 mL,完成后,马上打开右侧蒸汽开关,再按启动按键,液晶屏提示报警定时器时间,数值减为 0 时发出蜂鸣声。可观察接收液数量是否达到

要求(一般加原硼酸量要超过 150 mL),接着移下接收瓶,这时关闭右侧蒸汽开关,取下样品待滴定用。

③ 滴定:在冷却的接受瓶中,加入指示剂混合液 5 mL。用 0.1 mol/L 的盐酸滴定至由蓝绿色至刚变为淡紫色为止。

(3) 结果计算

记下消耗 HCl 的毫升数,按下列式子计算总氮含量:

$$总氮含量 = \frac{(V - V_0) \times M \times 0.014 \times A \times 100}{W} \times 100\%$$

式中: V ——消耗 HCl 的毫升数;

V_0 ——空白实验时消耗 HCl 的毫升数;

M ——HCl 的摩尔浓度(mol/L);

0.014——1 mL HCl 的克当量数;

A ——固定系数;

W ——试样质量(g)。

空白测定:不加样品作空白测定。

5.7　土样粒径分布测定

将风干、分散的土样通过一套筛孔直径与土中各粒组界限值相等的标准筛,称出充分过筛后留在各筛盘上的土粒质量,即可求得各粒组的相对百分含量。

参考文献

［1］潘鑫鑫.重质含硫原油脱硫工艺技术评价及优化研究［D］.青岛：中国石油大学,2010.

［2］魏样.石油污染对土壤性状的影响及植物修复效应研究［D］.杨凌：西北农林科技大学,2019.

［3］于波.孤对电子杂环类环境污染物的微生物降解研究［D］.济南：山东大学,2006.

［4］De Oliveira L M L, Do Amaral D N, De Amorim Ferreira K L, et al. Polycyclic aromatic sulfur heterocycles used as molecular markers in crude oils and source rocks［J］. Organic Geochemistry, 2023, 178: 104571.

［5］柳晓东,余天飞,艾加敏,等.石油污染对土壤微生物群落影响及石油降解菌的筛选鉴定［J］.环境工程,2022,40(7)：61-68.

［6］Wilhelm S I, Robertson G J, Ryan P C, et al. Re-evaluating the use of beached bird oiling rates to assess long-term trends in chronic oil pollution［J］. Marine Pollution Bulletin, 2009, 58(2): 249-255.

［7］李艳梅,曾文炉,余强,等.海洋溢油污染的生态与健康危害［J］.生态毒理学报,2011,6(4)：345-351.

［8］王棠.海洋石油污染：正在蔓延的生态灾害［J］.生命与灾害,2011(10)：8-9.

［9］曹刚,王华.石油污染及治理［J］.沿海企业与科技,2005(3)：92-94.

［10］Kropp K G, Fedorak P M. A review of the occurrence, toxicity, and biodegradation of condensed thiophenes found in petroleum［J］. Canadian Journal of Microbiology, 1998, 44(7): 605-622.

［11］陆秀君,郭书海,孙清,等.石油污染土壤的修复技术研究现状及展望［J］.沈阳农业大学学报,2003,34(1)：63-67.

［12］丁妍,周爱国,李小倩,等.石油污染场地土壤-地下水系统介质场中微生物群落结构垂向分布和功能差异［J］.地球科学,2023(7)：1-14.

［13］郭超,刘怀英,李军.石油污染土壤的物理化学修复技术浅谈［J］.能源与环境,2011(3)：71-72.

［14］程国玲,李培军.石油污染土壤的植物与微生物修复技术［J］.环境工程学报,2007,1(6)：91-96.

［15］李迎鹤.石油污染土壤中烷烃降解菌的筛选及其降解特性研究［D］.哈尔滨：东北林业大学,2022.

［16］曹微褢,徐德强,张亚雷,等.烷烃降解菌的筛选及其降解能力［J］.中国环境科学,2003,23(1)：25-29.

［17］Antić M P, Jovancicevic B S, Ilić M, et al. Petroleum pollutant degradation by surface water microorganisms［J］. Environmental Science and Pollution Research, 2006, 13(5): 320-327.

［18］Chakrabarty A M, Chou G, Gunsalus I C. Genetic regulation of octane dissimilation plasmid in

Pseudomonas[J]. Proceedings of the National Academy of Sciences of the United States of America, 1973, 70(4): 1137-1140.

[19] Geissdorfer W, Kok R G, Ratajczak A, et al. The genes rubA and rubB for alkane degradation in *Acinetobacter* sp. strain ADP1 are in an operon with estB, encoding an esterase, and oxyR[J]. Journal of Bacteriology, 1999, 181(14): 4292-4298.

[20] Van Beilen J B, Panke S, Lucchini S, et al. Analysis of *Pseudomonas putida* alkane-degradation gene clusters and flanking insertion sequences: evolution and regulation of the alk genes[J]. Microbiology, 2001, 147(6): 1621-1630.

[21] 思显佩,曹霞霞,熊建功.微生物降解多环芳烃的影响因素及机理研究进展[J].重庆工商大学学报(自然科学版),2009,26(5):457-461.

[22] Mohapatra B, Phale P S. Microbial degradation of naphthalene and substituted naphthalenes: metabolic diversity and genomic insight for bioremediation[J]. Frontiers in Bioengineering and Biotechnology, 2021, 9: 602445.

[23] 贾燕,尹华,叶锦韶,等.假单胞菌 N7 的萘降解特性及其降解途径研究[J].环境科学,2008,29(3):756-762.

[24] Khan A A, Wang R F, Cao W W, et al. Molecular cloning, nucleotide sequence, and expression of genes encoding a polycyclic aromatic ring dioxygenase from *Mycobacterium* sp. strain PYR-1[J]. Applied and Environmental Microbiology, 2001, 67(8): 3577-3585.

[25] Mishra S, Singh S N. Biodegradation of benzo(a)pyrene mediated by catabolic enzymes of bacteria[J]. International Journal of Environmental Science and Technology, 2014, 11(6): 1571-1580.

[26] Fida T T, Breugelmans P, Lavigne R, et al. Identification of opsA, a gene involved in solute stress mitigation and survival in soil, in the polycyclic aromatic hydrocarbon-degrading bacterium *Novosphingobium* sp. strain LH128[J]. Applied and Environmental Microbiology, 2014, 80(11): 3350-3361.

[27] Yu B, Xu P, Shi Q, et al. Deep desulfurization of diesel oil and crude oils by a newly isolated *Rhodococcus erythropolis* strain[J]. Applied and Environmental Microbiology, 2006, 72(1): 54-58.

[28] 何苗,张晓健,瞿福平,等.杂环化合物好氧生物降解性能与其化学结构相关性的研究[J].中国环境科学,1997,17(3):199-202.

[29] Eastmond D A, Booth G M, Lee M L. Toxicity, accumulation, and elimination of polycyclic aromatic sulfur heterocycles in Daphnia magna[J]. Archives of Environmental Contamination and Toxicology, 1984, 13(1): 105-111.

[30] Teal J M, Burns K, Farrington J. Analyses of aromatic hydrocarbons in intertidal sediments resulting from two spills of No. 2 fuel oil in Buzzards Bay, Massachusetts[J]. Journal of the Fisheries Research Board of Canada, 1978, 35(5): 510-520.

［31］Gregorio S D，Zocca C，Sidler S，et al. Identification of two new sets of genes for dibenzothiophene transformation in *Burkholderia* sp. DBT1［J］. Biodegradation，2004，15(2)：111-123.

［32］Sohrabi M，Kamyab H，Janalizadeh N，et al. Bacterial desulfurization of organic sulfur compounds exist in fossil fuels［J］. Journal of Pure and Applied Microbiology，2012，6(2)：717-729.

［33］Soleimani M，Bassi A，Margaritis A. Biodesulfurization of refractory organic sulfur compounds in fossil fuels［J］. Biotechnology Advances，2007，25(6)：570-596.

［34］张文标,陈银广.石油生物脱硫的微生物学研究进展［J］.化学工程与装备,2008(2)：88-90.

［35］Gallagher J R，Olson E S，Stanley D C. Microbial desulfurization of dibenzothiophene：a sulfur-specific pathway［J］. FEMS Microbiology Letters，1993，107(1)：31-35.

［36］Constanti M，Giralt J，Bordons A. Degradation and desulfurization of dibenzothiophene sulfone and other sulfur compounds by *Agrobacterium* MC501 and a mixed culture［J］. Enzyme and Microbial Technology，1996，19(3)：214-219.

［37］Bhatia S，Sharma D K. Thermophilic desulfurization of dibenzothiophene and different petroleum oils by *Klebsiella* sp. 13T［J］. Environmental Science and Pollution Research，2012，19(8)：3491-3497.

［38］Oldfield C，Pogrebinsky O，Simmonds J，et al. Elucidation of the metabolic pathway for dibenzothiophene desulphurization by *Rhodococcus* sp. strain IGTS8（ATCC 53968）［J］. Microbiology，1997，143：2961-2973.

［39］Li M Z，Squires C H，Monticello D J，et al. Genetic analysis of the dsz promoter and associated regulatory regions of *Rhodococcus erythropolis* IGTS8［J］. Journal of Bacteriology，1996，178(22)：6409-6418.

［40］Xi L，Squires C H，Monticello D J，et al. A flavin reductase stimulates DszA and DszC proteins of *Rhodococcus erythropolis* IGTS8 in vitro［J］. Biochemical and Biophysical Research Communications，1997，230(1)：73-75.

［41］Wolf B P，Sumner L W，Shields S J，et al. Characterization of proteins utilized in the desulfurization of petroleum products by matrix-assisted laser desorption ionization time-of-flight mass spectrometry［J］. Analytical Biochemistry，1998，260(2)：117-127.

［42］Alves L，Melo M，Mendonca D，et al. Sequencing, cloning and expression of the *dsz* genes required for dibenzothiophene sulfone desulfurization from *Gordonia alkanivorans* strain 1B［J］. Enzyme and Microbial Technology，2007，40(6)：1598-1603.

［43］张建斌,于熙昌,魏雄辉,等.*Mycobacterium* sp. BY11 脱硫代谢产物的色谱分析［J］.内蒙古工业大学学报(自然科学版),2010,29(4)：260-264.

［44］De Araujo H W C，De Freitas Siva M C，Lins C I M，et al. Oxidation of dibenzothiophene (DBT) by *Serratia marcescens* UCP1549 formed biphenyl as final product［J］. Biotechnology for Biofuels，2012，5(1)：33.

［45］Bhatia S，Sharma D K. Biodesulfurization of dibenzothiophene，its alkylated derivatives and crude oil by a newly isolated strain *Pantoea agglomerans* D23W3［J］. Biochemical Engineering Journal，2010，50(3)：104-109.

［46］Yamada K，Minoda Y，Kodama K，et al. Microbial conversion of petro-sulfur compounds part Ⅰ：isolation and identification of dibenzothiophene-utilizing bacteria［J］. Agricultural and Biological Chemistry，1968，32(7)：840-845.

［47］Kodama K，Nakatani S，Umehara K，et al. Microbial conversion of petro-sulfur compounds，part Ⅲ：isolation and identification of products from dibenzothiophene［J］. Agricultural and Biological Chemistry，1970，34(9)：1320-1324.

［48］Kodama K，Umehara K，Shimizu K，et al. Identification of microbial products from dibenzothiophene and its proposed oxidation pathway［J］. Agricultural and Biological Chemistry，1973，37(1)：45-50.

［49］Laborde A L，Gibson D T. Metabolism of dibenzothiophene by a *Beijerinckia* species［J］. Applied and Environmental Microbiology，1977，34(6)：783-790.

［50］Seo J S. Multiple pathways in the degradation of dibenzothiophene by *Mycobacterium aromativorans* strain JS19b1(T)［J］. Journal of the Korean Society for Applied Biological Chemistry，2012，55(5)：613-618.

［51］Khedkar S，Shanker R. Degradation of dibenzothiophene and its metabolite 3-hydroxy-2-formylbenzothiophene by an environmental isolate［J］. Biodegradation，2014，25(5)：643-654.

［52］Van Afferden M，Schacht S，Klein J，et al. Degradation of dibenzothiophene by *Brevibacterium* sp. DO［J］. Archives of Microbiology，1990，153(4)：324-328.

［53］Foght J M，Westlake D W. Expression of dibenzothiophene-degradative genes in two *Pseudomonas* species［J］. Canadian Journal of Microbiology，1990，36(10)：718-724.

［54］Piccoli S，Andreolli M，Giorgetti A，et al. Identification of aldolase and ferredoxin reductase within the dbt operon of *Burkholderia fungorum* DBT1［J］. Journal of Basic Microbiology，2014，54(5)：464-469.

［55］Brennerova M V，Josefiova J，Brenner V，et al. Metagenomics reveals diversity and abundance of meta-cleavage pathways in microbial communities from soil highly contaminated with jet fuel under air-sparging bioremediation［J］. Environmental Microbiology，2009，11(9)：2216-2227.

［56］张承东，张爱茜，韩朔睽，等.含硫芳香族化合物降解酶的定域及胞内产物的鉴定［J］.环境科学，2000，21(4)：90-93.

［57］许平，冯进辉，于波，等.孤对电子杂环化合物的代谢化学和生物学研究进展［J］.环境化学，2005，24(6)：721-725.

［58］Papizadeh M，Ardakani M R，Motamedi H，et al. C—S Targeted biodegradation of dibenzothiophene by *Stenotrophomonas* sp. NISOC-04［J］. Applied Biochemistry and Biotechnology，

2011，165(3)：938-948.

[59] Li M J，Wang T G，Simoneit B R T，et al. Qualitative and quantitative analysis of dibenzothiophene，its methylated homologues，and benzonaphthothiophenes in crude oils，coal，and sediment extracts[J]. Journal of Chromatography A，2012，1233：126-136.

[60] 东秀珠，蔡妙英，等.常见细菌系统鉴定手册[M].北京：科学出版社，2001.

[61] Davoodi-Dehaghani F，Vosoughi M，Ziaee A A. Biodesulfurization of dibenzothiophene by a newly isolated *Rhodococcus erythropolis* strain[J]. Bioresource Technology，2010，101(3)：1102-1105.

[62] Liang L，Song X H，Kong J，et al. Anaerobic biodegradation of high-molecular-weight polycyclic aromatic hydrocarbons by a facultative anaerobe *Pseudomonas* sp. JP1[J]. Biodegradation，2014，25 (6)：825-833.

[63] Lin M，Hu X K，Chen W W，et al. Biodegradation of phenanthrene by *Pseudomonas* sp. BZ-3，isolated from crude oil contaminated soil[J]. International Biodeterioration & Biodegradation，2014，94：176-181.

[64] 刘芳，梁金松，孙英，等.高分子量多环芳烃降解菌 LD29 的筛选及降解特性研究[J].环境科学，2011,32(6)：1799-1804.

[65] 陈燕飞.pH 对微生物的影响[J].太原师范学院学报(自然科学版)，2009,8(3)：121-124.

[66] 史德青，赵金生，杨金荣，等.施氏假单胞菌对二苯并噻吩的降解[J].中国环境科学，2004,24(6)：730-733.

[67] 沈小娟.铜绿假单胞菌 NY3 降解多环芳烃的特性研究[D].西安：西安建筑科技大学，2012.

[68] 陈春云，岳珂，陈振明，等.微生物降解多环芳烃的研究进展[J].微生物学杂志，2007,27(6)：100-103.

[69] Cerniglia C E. Biodegradation of polycyclic aromatic hydrocarbons[J]. Current Opinion in Biotechnology，1993,4(3)：331-338.

[70] Abin-Fuentes A，Leung J C，Mohamed M E S，et al. Rate-limiting step analysis of the microbial desulfurization of dibenzothiophene in a model oil system[J]. Biotechnology and Bioengineering，2014，111(5)：876-884.

[71] Kilbane J J. Desulfurization of coal：the microbial solution[J]. Trends in Biotechnology，1989，7 (4)：97-101.

[72] Singh G B，Gupta S，Gupta N. Carbazole degradation and biosurfactant production by newly isolated *Pseudomonas* sp. strain GBS.5[J]. International Biodeterioration & Biodegradation，2013，84：35-43.

[73] Patel V，Cheturvedula S，Madamwar D. Phenanthrene degradation by *Pseudoxanthomonas* sp. DMVP2 isolated from hydrocarbon contaminated sediment of Amlakhadi canal，Gujarat，India[J]. Journal of Hazardous Materials，2012，201/202：43-51.

[74] Nayak A S，Vijaykumar M H，Karegoudar T B. Characterization of biosurfactant produced by

Pseudoxanthomonas sp. PNK-04 and its application in bioremediation［J］. International Biodeterioration & Biodegradation，2009，63(1)：73-79.

［75］Akhtar N，Ghauri M A，Anwar M A，et al. Analysis of the dibenzothiophene metabolic pathway in a newly isolated *Rhodococcus* sp.［J］. FEMS Microbiology Letters，2009，301(1)：95-102.

［76］Fortin P D，Lo A T F，Haro M A，et al. Evolutionarily divergent extradiol dioxygenases possess higher specificities for polychlorinated biphenyl metabolites［J］. Journal of Bacteriology，2005，187 (2)：415-421.

［77］Pieper D H. Aerobic degradation of polychlorinated biphenyls［J］. Applied Microbiology and Biotechnology，2005，67(2)：170-191.

［78］Seah S Y K，Ke J Y，Denis G，et al. Characterization of a C—C bond hydrolase from *Sphingomonas wittichii* RW1 with novel specificities towards polychlorinated biphenyl metabolites ［J］. Journal of Bacteriology，2007，189(11)：4038-4045.

［79］Ruzzini A C，Bhowmik S，Yam K C，et al. The lid domain of the MCP hydrolase DxnB2 contributes to the reactivity toward recalcitrant PCB metabolites［J］. Biochemistry，2013，52(33)：5685-5695.

［80］Haritash A K，Kaushik C P. Biodegradation aspects of polycyclic aromatic hydrocarbons (PAHs)：a review［J］. Journal of Hazardous Materials，2009，169：1-15.

［81］Cooper E M，Stapleton H M，Matson C W，et al. Ultraviolet treatment and biodegradation of dibenzothiophene：identification and toxicity of products［J］. Environmental Toxicology and Chemistry，2010，29(11)：2409-2416.

［82］Gai Z H，Yu B，Wang X Y，et al. Microbial transformation of benzothiophenes，with carbazole as the auxiliary substrate，by *Sphingomonas* sp. strain XLDN2-5［J］. Microbiology，2008，154(12)：3804-3812.

［83］Young R F，Cheng S M，Fedorak P M. Aerobic biodegradation of 2,2-dithiodibenzoic acid produced from dibenzothiophene metabolites［J］. Applied and Environmental Microbiology，2006，72(1)：491-496.

［84］Bressler D C，Fedorak P M. Identification of disulfides from the biodegradation of dibenzothiophene ［J］. Applied and Environmental Microbiology，2001，67(11)：5084-5093.

［85］Wen J W，Gao D W，Zhang B，et al. Co-metabolic degradation of pyrene by indigenous white-rot fungus *Pseudotrametes gibbosa* from the northeast China［J］. International Biodeterioration & Biodegradation，2011，65(4)：600-604.

［86］杜丽娜，高大文.青顶拟多孔菌对单一和复合多环芳烃的降解特性［J］.中国环境科学,2011,31(2)：277-282.

［87］Yang Y T，Wang Z，Yang H Y，et al. Determination of sulfur compounds in diesel oil by gas chromatography-flame ionization detector-sulfur chemiluminescence detector and data comparison of sulfur compounds by sulfur chemiluminescence detector and atomic emission detector［J］. Chinese

Journal of Analytical Chemistry，2005，33(11)：1517-1521.

[88] 王少军,凌凤香,吴洪新,等.FCC柴油中硫、氮化合物的类型及分布[J].石油与天然气化工,2010,39(3)：258-261.

[89] 蒂索,韦尔特,熊寿生,等.原油的组成、分类及地质因素对原油组成的影响[J].石油地质实验,1978(4)：50-116.

[90] Woolfenden E N M，Hince G，Powell S M，et al. The rate of removal and the compositional changes of diesel in antarctic marine sediment[J]. Science of the Total Environment，2011，410/411：205-216.

[91] Pedetta A，Pouyte K，Herrera Seitz M K，et al. Phenanthrene degradation and strategies to improve its bioavailability to microorganisms isolated from brackish sediments[J]. International Biodeterioration & Biodegradation，2013，84：161-167.

[92] 周家华,崔英德,吴雅红.表面活性剂HLB值的分析测定与计算　Ⅱ.HLB值的计算[J].精细石油化工,2001,18(4)：38-41.

[93] 乔建江,徐心茹,詹敏,等.非离子表面活性剂亲水-亲油平衡值的水数表征法[J].石油学报(石油加工),1998,14(3)：62-66.

[94] 梁生康.鼠李糖脂生物表面活性剂对石油烃污染物生物降解影响的研究[D].青岛:中国海洋大学,2005.

[95] Raheb J，Hajipour M J. The stable rhamnolipid biosurfactant production in genetically engineered Pseudomonas strain reduced energy consumption in biodesulfurization[J]. Energy Sources，Part A Recovery，Utilization and Environmental Effects，2011，33(22)：2113-2121.

[96] Nitschke M，Costa S G V A O，Contiero J. Rhamnolipid surfactants：an update on the general aspects of these remarkable biomolecules[J]. Biotechnology Progress，2005，21(6)：1593-1600.

[97] Mulligan C N. Environmental applications for biosurfactants[J]. Environmental Pollution，2005，133(2)：183-198.

[98] Amani H，Müller M M，Syldatk C，et al. Production of microbial rhamnolipid by Pseudomonas Aeruginosa MM1011 for ex-situ enhanced oil recovery[J]. Applied Biochemistry and Biotechnology，2013，170(5)：1080-1093.